U0348782

会 + 速 ÷ 算
的 - 人，
人 × 生
都**不**会太**差**

[美] 托马斯·奥康纳·斯隆◎著

康建召◎译

北方文艺出版社

图书在版编目（CIP）数据

会速算的人，人生都不会太差 /（美）托马斯·奥康纳·斯隆著；康建召译. —— 哈尔滨：北方文艺出版社，2019.7

ISBN 978-7-5317-4422-1

Ⅰ.①会… Ⅱ.①托…②康… Ⅲ.①速算 - 基本知识 Ⅳ.①O121.4

中国版本图书馆CIP数据核字（2019）第106774号

会速算的人，人生都不会太差
HUI SUSUAN DE REN RENSHENG DOU BUHUI TAICHA

作 者 /[美]托马斯·奥康纳·斯隆

译 者 / 康建召

责任编辑 / 宋玉成　赵芳

出版发行 / 北方文艺出版社　　　　网 址 / www.bfwy.com
邮 编 / 150080　　　　　　　　　经 销 / 新华书店
地 址 / 黑龙江现代文化艺术产业园D栋526室

印 刷 / 北京京丰印刷厂　　　　开 本 / 889×1194　1/32
字 数 / 130千　　　　　　　　印 张 / 6.25
版 次 / 2019年7月第1版　　　印 次 / 2019年7月第1次印刷

书 号 / ISBN 978-7-5317-4422-1　　定 价 / 49.80元

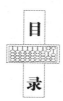

目录

序言

　　算术包含很多内容，但是在教科书中，很少涉及快速运算。如果能给出一种速算的方法就好了。出于某种原因，乘法表仅限于 9×9 以内，而将之继续拓展下去并不困难。另外一个有意思的现象是，许多大学生并不理解分式指数的含义，这样说并不过分，因为很少有人能说清为什么数字不论大或小，其 0 次幂都等于 1，而看起来它应该等于 0。

　　本书到了读者手中，可以变成一项有趣的工作。这里有大量的信息资源和权威的观点，一些例子很少有人知道。出现在这里的问题，是对他人遗留问题的一种搜集和拾取。

　　我们可以从目录上看到，序言所述仅仅是本书探寻内容的一小部分。从某种意义上说，本书可以作为普通算术教科书的补充，但又不止于此，字里行间所提到的计算方法，可以应用于实际工作，还可以在快速得出计算结果的同时，领会到精彩的运算方法。

在本书中，以轻松和消遣的方式来探究数字科学，是一件很有意思的事情。

编者希望将有用的知识以轻松的语言呈现出来，以使读者受益。

第一章

符号和
记号入门

阿拉伯符号

阿拉伯符号具有优秀的特性，广泛用于整个文明世界，它已经成为数字的固定使用符号。对于任何整数，形象点说，小数点放在了最右边的数字旁边，但是它的左边就是整数的个位，但是这个小数点被"忽略"掉了。数字位的意义在于它是数量统计的基础，个位、十位、百位以及更高的数字位可以很清楚地表达，即个位的左边是十位，十位的左边是百位，等等。

所有这些，看似简单但的确是最基本的。假如没有固定的数位值，那么我们就会像古代罗马人一样，因笨拙的文字符号而着急。要想表达数字 888，如果没有如今的数位体系，我们不得不写成 800，80，8，哪里比得上写成 888 简单。

现在我们可以将罗马符号和阿拉伯符号的特点通过这个例子做一比较了。上例用罗马数字写成：DCCCLXXXVIII，一共用了 12 个字符，远不如 888 只用了 3 个字符这样简便。

 小数点

小数点左边的数表示整数位，小数点右边的数表示十进制分数，是 10 或 10 的倍数，也就是分母。如 0.8 表示十分之八，0.88 表示百分之八十八，以此类推。

一个数如果放在了小数点右边，就表示十分之几；

如果两位数放在了小数点右边，就表示百分之几；如果三位数放在了小数点右边，就表示千分之几，如此延伸下去。

如果某位数已给定，它的右边没有小数点，则表示整数。如果单个数想表达成十位、百位或其他 10 的倍数位，小数点用来指示其位置，如果单个数用来表示分数，小数点放在它左面，仍然可以起指示作用。

小数点左面是整数的个位，小数点的右面是分数的十分位，这看起来不协调，可能有人会觉得，小数点左右的位值应该相等，要么都是个位，要么都是十位，这样才一致。不过，那样并不实际，逻辑最终要向实践性让步。

💡 数字 1

1 是任何符号系统的基础，它的性质是：

无论任何数，其 0 次幂总是 1。

对于一个数，其任何次幂总等于该数，那只有 1 能做到。1^2，1^3 以及 1 的任何次幂，总等于 1。

一个数，只要大于 1，它的乘方总要比该数大，如 $2^2=4$，$3^2=9$，乘方的值总大于数本身。

一个数，只是小于 1，它的乘方总要比该数小，如 $\left(\dfrac{1}{2}\right)^2=\dfrac{1}{4}$，$\left(\dfrac{1}{3}\right)^3=\dfrac{1}{27}$。

几个数相乘，只要都比 1 大，所得的积比这几个数中的任何一个数都大；几个数相乘，只要都比 1 小，所得的积比这几个数中的任何一个数都小。

数字 1 是一个分界点，大于和小于它的数的运算特点是截然不同的。

 ## 算术运算符号

运算符号是算术中用来表示数字或数量运算的一种速记手段，在算术中，数字和数量被视为具有相同含义。

运算符号的意义在英语和拉丁语中有描述，下面给出简要说明。

加法符号是一个 90 度相交的十字，即由水平线和竖直线组成，介于相加的数之间。它几乎总在表示"加"，拉丁文词义"更多"；把它渲染为"和"看来无可挑剔。如果有两个以上的数相加，不要紧，只要把加法符号放在它们之间就可以了。2 + 2 表示 2 和 2 相加以求和；2 + 2 + 3 + 4 表示 2，2，3 和 4 相加以求和；第一个式子的得数是 4，第二个式子的得数是 11。

完整加法的结果是数字或数量之和，把加法称为和运算并不正确。

减法符号是一段水平线，它放在两数之间，它后面的数是减数。它总是被描述为"减少"，拉丁词义"少于"，我们可以正确地表述为"减去"。减号应用很广。5 - 4 读成 5 减去 4，也就是说 5 要被减去 4。人们可能已经注意到，在减法运算中，大的数总是放在第一位，如 5 - 4 或 6 - 3。

在减法中，被减去的那个数称为被减数，词义源于拉丁文，意思是"要被减去"；需减掉的数称为减数，词义源于拉丁文，意思是"要减去"；减法运算的结果称为余或差。

　　至于在减法算式中大数要放在第一位的说法，指的是在算术中而不是代数中。

　　乘法符号用对角交叉线来表示，放在两数之间；4×5表示 4 乘以 5，在接下来的乘法算式中，乘法符号必须要放在每两个相乘数的中间；$4 \times 5 \times 6$表示 4 乘以 5 再乘以6，积是 120。

　　有时，句号（英文中的句号）被用于表示乘号，容易与小数点混淆，但它却被很频繁地应用。

　　在乘法的完整表示中，上一级的数称为被乘数，词义源于拉丁文，意思是"被乘"，下一级的数称为乘数，乘法完成后的结果称为积。被乘数和乘数更换位置不影响运算结果。

　　除法的表示有几种方法，一是用一段水平线或为了节约空间用对角线表示。除号之上的是被除数，词义源于拉丁文，意思是"要被除"；放在除号下面的数是除数。如$\dfrac{6}{3}$，或者是 6/3，意思一样，都表示 6 除以 3。除法运算的结果称为商。

　　除号的另一种表示方法是一段水平线及两个圆点，这两个圆点分别在水平线的上下。$6 \div 3$表示 6 除以 3。

　　：是一个比值的符号，也是除号的一种，除了特殊场合外，不作为除号使用。

　　水平线或斜线并不总是被允许作为除号使用；有时，$2 \div 4$ 和 $\dfrac{2}{4}$两种表示还是有区别的。后面的式子只用于表示分数。但如果我们写成 a/b，除了可以说成 "a 除以 b"

之外，很难有其他表述。如果用分数的术语来表示，$\frac{2}{4}$ 可以说成"四分之二"。

数字的乘方符号用一个在该数右上角放置的小数字来表示，称为指数；4^2 指的是 4 的平方，得数是 16；5^3 指的是 5 的三次方或立方，得数是 125。数字 2 和 3，就是指数，在上例中分别作为 4 和 5 的指数。

术语"平方"是二次方的缩略，术语"立方"是三次方的缩略；其他次数的乘方就没有缩略语了。

根号表示数的根。其本身表示平方根；如果要表示其他次方根，还需要在它的左上角写上指数。$\sqrt{16}$ 表示 16 的平方根，结果是 4；$\sqrt[4]{16}$ 表示 16 的 4 次方根，结果是 2。

当有几个数字需要表示成一个组合时，则被称为"表达式"。2+3 和 3+5 都是表达式。

等号用相互平行的两段水平线来表示，读作"等"或"等于"。那么想表示两个数的和，如 2 和 3 相加，我们可以写成 $2 + 3 = 5$，读作 2 加 3 等于 5。

根据上面的叙述，可以证实两个表达式相等，则被称为等式。

不等式可以由 V 型的符号放在数字边上来表示，V 型尖点右边的数字较小。$7 > 2$ 表示 7 大于 2，或 2 小于 7，两种说法都是一个意思。这个符号还可以转换方向，$2 < 7$ 指的是 2 比 7 小。

比号即比例中心符号，放在此式与其他式之间，读作"同"，在相同的比例式中如果有单个"："，读作"比"；那么 $2：4：：4：8$ 可以读作，2 比 4 同 4 比 8。有时，等号 = 也用来表示比例中心符号。如果在上述比例式中引入等号，那么式子变成：2：4 = 4：8。

如果把冒号看作除号，上面的比例式可以读作 2 除以 4 等于 4 除以 8，这样表述很对，可以表示出比例式成员间的关系。双比号永远不会被视为等号，尽管它有相等的含义。

括号内的数字可看作一个组并且可按单个数或个体来对待。7 -（2 + 3）表示 7 减去 2 加 3 的和，余数是 2。如果还是这几个数，没有括号，7 - 2 + 3 表示 7 先减去 2，再加上 3，结果是 8。因为有括号的存在，数虽不变，结果却不同。

乘号和除号优先于加号和减号；乘号和除号可以使它们旁边的数字先运算，和括号的作用相同。那么 12 - 10÷2 表示 10 除以 2，所得的商被 12 减去，结果是 7。4 + 6×3 表示 6 乘以 3 然后与 4 相加，得数是 22；先做 6×3 的运算就好比它们是在括号中一样。

小数

小数，从广义上说是分数，但分母为 10 的乘方值；$\frac{1}{10}$，$\frac{1}{100}$ 和 $\frac{1}{1000}$ 就是这样的值。一般来说，小数点之后的部分是指同级分数的分号线以上部分。

小数点右面的数字可以写成分数的分子，因为有分子和小数点的对应关系，分母往往被略掉，它们之间的关系由 0 或者有时是分子来决定。那么，如果仅靠分子上的数字不能给出正确的位置，也就是说，数字离小数点有多远不能确定的时候，可以把 0 放在小数点与分子数字之间。

对于一个普通分数，分数变成小数时，分子数在小数点后的位置（0 的数量）等于分母的数字位数减 1，$\frac{1}{10}$ 可以写成 0.1，因为分母有两位数字，$\frac{3}{100}$ 可以写成 0.03，因为分母有 3 位数。

算术补数

补数的意思是用来把某个数补充完整的数。某个数和相邻的而且大于它的 10 的倍数之间的差值就是补数。按照这个定义，2 是 18 的补数，因为 10 的倍数中，大于 18 的只能是 20。

通常情况下，某个数的补数以大于该数，且是 10 的下一乘方值为参照。

基于此，18 的补数是 82，在 18 之上，10 的下一乘方是 100。

小数的算术补数是指该数和 1 或整数的差值。

因此，0.55 的算术补数是 0.45。这个补数在三角计算中经常用到。右手位用 10 去减，其他位用 9 去减而轻松得到。假设我们想求出 0.4658 的算术补数，接下来这样做：10 - 8 = 2，这是补数的右手位数字；然后接着从 9 开始减，分别是 9 - 5，9 - 6 和 9 - 4；结果是 0.5342。小数和其补数之和是整数或 1。

数字和记号组合

把某个数字或符号放在另一个数字前或左边称为前缀，放在数字之后或右边称为后缀。

如果小数点放在 55 之前，那么 55 变成 0.55。如果把 5 放在 55 后面，就得到 555。区别后缀和加法很重要。

在某个数字之前添加一个符号能对其产生影响。如我们写 − 6，读作负 6，数字 6 受负号影响变成了负数。

正号一般不单独写在某个数前面，我们可以理解成每个正数也受了正号影响。

某个数以负号为前缀或受负号影响，也就是一个负数。如果一个数前面没有符号，可以看成是正数。

在代数范围内使用正号和负号。某个数有指数项，那么它受指数值影响。对于数字 2 和 5 有指数项，即 23，54，可以说，它们的值与指数 3 和 4 有关。

正号和负号的引入归功于德国数学家迈克尔·斯迪菲尔，始于 1544 年。他也是根号的引入者。

等号"＝"的最早使用者是英国数学家罗伯特·雷科德，他第一次使用等号是在 1557 年。

乘号"×"由英国数学家威廉·奥特雷德开创，出现在他的著作《数学之钥》一书中。

除号"÷"要归功于英国数学家约翰·佩尔博士。

起初加号用拉丁文词汇 plus 或意大利语词汇 piu，或字母 p 来表示；减号用 minus、mene 或字母 m 来表示；根号在大写字母 R 之后，表示一个数的根。

不等号"＞"和"＜"，最早出现在英国数学家托马斯·哈里奥特去世后才出版的著作中，他与奥特雷德处于同一时代。

小数点是在 17 世纪初，由苏格兰数学家约翰·纳皮耶引入。

在 10 世纪，十进制数体系引入欧洲。

第二章

加法

加法及其理论的说明

每个人可能都知道乘法表；也就是说，在乘法表中常用的数字范围内，人们能很快说出它们的积，做这些题时都不用停下来去想。除此之外，如果我们提到"和1相乘"时，有144种不同的乘法。某些相乘是相逆的，如3乘9和9乘3。对于乘法，记住132个乘积的数就可以了。因为可逆的相乘，得到的乘积是一样的。

加法是传授给孩子们的第一个算法运算规则，记数法很难称作运算。在加、减、乘、除四种基本算术运算中，加法最难对付，也最容易犯错，但在四种运算中最常用。如果各个银行都有一台或多台加法机，相比较而言就不用添置那么多乘法机了。采用正确的方法，分析其组合，加法的过程可能在极大程度上被优化，就会收到令人满意的效果。有几种不同的方法可用于加法运算，对于我们每个人来说，这些方法有助于开启思路，从而创造出更多的方法。

 ## 加法表

在乘法表中，共有144个乘式需要记住，相应地，加法表里只有45个式子要记住。老实说，加法表不如乘法表那样为人熟知。

9个数字的相互运算要强调一下，在这里是一个数字同9个数字中的某一个相加。

数字 1 到 9 相加等于 45。

在这些两个数的加法中：

得数是 1 位数的加式有 20 个，比如 2 + 4 = 6，3 + 5 = 8。

得数是 2 位数的加式有 25 个，比如 5 + 6 = 11，7 + 9 = 16。

两个数相加，最大的得数是 18，即 9 + 9 = 18；得数中左边的 1 是加法中的进位。因此，1 到 9 中的一个数同另一个数相加，如果有进位，那只能是 1。

下面予以解释，假设 6，7，8，9 相加，6 + 7 = 13，进位是 1。然后是 3 + 8，这样有了两个进位 1，得数是 21，可进位 2。1 再与 9 相加，加上先前的 2 个进位，可以得出 4 个数的和是 30。

上例中的第一次进位，只能是 1，再次进位时，是 3 个数相加，进位总共是 2，第一次进位后，第二进位仍然是 1。当加上第 4 个数时，再次进位 1，最后，得数的十位是 3。

由此得出结论：当一列 1 位数相加时，如有进位，单次进位只能是 1，后续相加产生的进位也是这样。

下面是几列不同的加法运算，每列数的右边部分是运算得数：

a		b		c		d	
9	50	1	22	9	32	9	40
8	41	2	21	8	23	8	31
9	33	2	19	7	15	7	23
7	24	8	17	8		8	16
8	17	9				8	
9							
—		—		—		—	
50		22		32		40	

列 a 的数字相加有如下特点，即每次相加总有单次进位 1，这一列进位最多，我们可以看到，每次进位只能是 1，所以得数的十位部分依次变为 1，2，3，4，5。

 ## 进位 1

现在说说有哪些没有给出的条件和在什么地方"进位 1"，两种方法已在下式给出：

11111111	222222	3333	44
12345678	234567	3456	45
————	————	———	——
23456789	456789	6789	89

有 20 种情况下没有"进位 1"，接下来是 25 种情况都有"进位 1"。

1		2 2		3 3 3			4 4 4 4		
9		8 9		7 8 9			6 7 8 9		
—		— —		— — —			— — — —		
10		10 11		10 11 12			10 11 12 13		

5 5 5 5 5					6 6 6 6			7 7 7		8 8	9
5 6 7 8 9					6 7 8 9			7 8 9		8 9	9
— — — — —					— — — —			— — —		— —	—
10 11 12 13 14					12 13 14 15			14 15 16		16 17	18

怎样加

在当今的阅读教学中，先教孩子们认单词，而不去管怎样拼读。加法运算也是这样，不用去管它如何命名；在做前面 a 列数字加法时，你应该对自己说必须快速连续地把 9，17，24，33，41 相加，而不要对自己说 9 和 8 相加等于 17，再和 7 相加得到 24 等。

测验快速相加的表用起来很有意思，如果不能毫不犹豫地做加法，那么快速相加以及更精确相加就有点难了。

各种加的方法

列与列间，每次有一个数相加，这可能是最常用的方法了；这也是最明白、最简单，或许也是最慢的方法。有两种方式，从上向下加或从下往上加。为了验证运算是否准确，最好的办法是两种方式各做一次。

会计的加法

分别写出每列数字之和，一个和在另一个和之下，每个"后继"之和各向左空出一位数字来；接下来最后附带的和就会给出总和。如下式所列：

9938	第一列数字之和	30
7827	第二列数字之和	8
4119	第三列数字之和	26
6826	第四列数字之和	26
———		———
28710	共	28710

左边的和是用常规方法得出的，右边的和是用刚才描述的方法得出的。

 ## 一组数字的加法

两位数相加，只有 17 个不同的结果，这容易知道。它们的相加还有另一种方式，接下来就是一组数字相加的第一步。

这种方法由两个或多个数相加构成，并且是竖列中的两个或多个数一次完成相加。

3	
9	12
7	
8	15
—	—
	27

在上式中，8 与 7 的和 15，在 9 与 3 的和 12 之下；12 和 15 相加得到 27。这样可以或不涉及彼此双数相加，因为两个相加之和的十位数不可能大于 1，所以即使运算过半，仍然如此，这种加法很简单。

当几列数成组相加时，一般有一个数要进位，这也许会被加到第一组的下一列，在后面的文章中会讲到。

下面是速算法：在最后的例子中，15 加上 10 得出 25；接着 25 加上被错过的数字 2（12 的 2），即等于 27。这个系统使运算像普通加法那样简单。组加法的每一种方法同单直列加法相比更容易。

 指数式相加

下面给出的两种类似的加法有几个值，看起来如此简单。一列数字的各种不同的加法，如果没有别的值，则用来检验运算是否精确。或像平时表述的那样，去"证明它"。

8	7
9	
7	8
3	
2	
6	
8	5
7	
6	5
3	
6	
——	
6	5

　　参考左手列，加的规律是从底部数字开始向上相加，直到接近 20，接下来上面的下一个数字的相加会给出 20 或超过 20 的和。基于此，和的最后一位数字写在列边上。另一个新的加法是，相加的两者之间没有参考。开始运算直至又一次接近 20；最终的数字写下来，一直重复，直至顶部。如果顶部加法在十位上没有数字，就把所有边上的数字相加；如果有顶部数字或上面的关键数字，这些就要加在一起。和之前要写下一个数字，即十位的位置等于刚才写在边上的关键数字，关键数字相加，进位也增加。

　　假设现在列顶部没有 8，在最后的关键数字之后 9 已经写在了左手边；接下来，只剩下关键数字 3、5、5 和 8，相加得 18。这样已经加上了剩下的数字 9，谁又会是顶部数字呢？这里给出 27；然后只有 2 可以运算，进入十位有关键数字 3；我们会得到总数 57，它是这列数的总和，没有顶部数字 8。

 ## 阶段式相加

　　下一种方法有些类似，这次从右下部向上连续相加，除了前例中接近 20 的点被放在了边上，忽略十位，加法继续。那么从下往上数第三个数我们加上点，再继续以 5 做起点。有 5 + 7，得数 12，下一个得数是 8，用点标记，接下来以 2 为起点与其上数 8，6，2 相加，总数是 18，用点标记；接着 8 与其上的 3 和 7 相加，最后一个数用点标记。我们得到 17，将 7 与顶部数字运算得到 7 + 8 = 15。这是最后一个点，个位 5 被写下来。因为共有 6 个点，所以十位数是 6，最后的得数是 65。

　　如前所述，如果在最后相加中没有数超过 10，这个数字只需简单加在个位就可以了。在前二例中，有 1 进位到顶部。

8 ●
9 ●
7 ●
3
2 ●
6
8
7 ●
6 ●
3

6
——
65

 ## 组合式相加

我们应该记住得数是 10 的数字的加法。比如 3，3，4；1，3，6；2，3，5 等。两个数字合并，假定人人尽知，任何人都可以写出不同的组合。推荐学习更多数的组合，如 8 个 4 个数字的组合，得数是 20。有 9 个 4 个数字的组合，得数是 30。再高些的组合并不常用，涉及更多数字的组合很少见。2 到 3 个数字的组合最常用。

组合式相加不应该局限于两个数为一组。所有的方法都有助于组合式相加。熟练的人一定有自己的独特方法来应对成组相加。

 ## 平均值相乘的加法

取一些数的平均值，用它乘以这些数的数量就是这些数的和。假设 5，4，3 相加，4 是三个数的平均值，所以 $4 \times 3 = 12$，就可以得到数的和。

乘法式相加

以下是一列单位数相加的另一种方法。通过加上或减去一个数，化为相同的值，由一个简单乘法给出加法值，与我们或加或减后的值相同。举例如下：

9 − 1 = 8	9 − 2 = 7
9 − 1 = 8	6 + 1 = 7
8 = 8	3 + 4 = 7
7 + 1 = 8	4 + 3 = 7
7 + 1 = 8	8 − 1 = 7
──	──
40 40	30 5 35
	5
	──
	30

这个方法是简单乘法用于加法的例子。在第二个例子中，8 被加，3 被减，净值是加后为 5，它被 35 减去后可得出答案。

十进制加法

下面的方法也许可以称作十进制加法。所有的数都要加上一定值，使它们等于 10 或 100。从最后一个原始数减去增量之和，通过一个简化的加法给出要求的和。

9，7 和 4 相加	97，89 和 49 相加
9 + 1 = 10	97 + 3 = 100
7 + 3 = 10	89 + 11 = 100
4 − 4 = 0	49 − 14 = 35
—	—
20	235

在第一个例子中，增量是 1 和 3，它们的和是 4，它们被最后一个原始数 4 减去，得到 0。右列中给出了原始数的和。在第二个例子中，14 是增量之和，被 49 减去，得到 35，右列中给出了原始数的和。

两列及三列数相加

两位数的组合有 90 种之多，10，11，12，一直到 99。如果一看到任两组这样的数就能马上给出答案，那么你可以同时做两列数的加法了。这意味着速度加快了一倍，就像许多计算机做到的那样。有的还能同时做三列数的加法。

两列数同时相加可按下述方法进行：

可以从列顶或列底开始计算，先用第一个数与第二个数的十位相加，再加上第二个数的个位；接着再与第三个数的十位相加，再加上第三个数的个位，如此类推，直至结束。

为了验证这一方法，请看下例：

$$
\begin{array}{r}
29 \\
34 \\
71 \\
88 \\
\hline
222
\end{array}
$$

70 加 88，得数 158。158 加 71 的个位 1，得数 159。159 加上 30，得数 189，再加上 34 的个位 4，得到 193。193 加 20，得数 213，再加上 29 的个位 9，总数是 222。

有点变化较为实用，在十位数相加前也可以先做个数位的加法，88 + 1 = 89。1 取自于 71 的个位。接着加 70，得到 159。159 + 4 = 163，163 加上 34 的十位数 30 得到 193。然后 193 + 9 = 202，202 + 20 = 222，计算结果同上。

三列数相加的方法可由上例推而广之。那么 957 和 875 相加，如果从百位开始，则有 957 + 800 = 1757；1757 + 70 = 1827；1827 + 5 = 1832。

三列数相加的方法有时被认为有数的范围的限制，但它有很强的实践性。适用于多行数相加。如下例：

$$
\begin{array}{ll}
541 & 1042 + 500 = 1542 \\
237 & 1002 + 40 = 1042 \\
764 & 1001 + 1 = 1002 \\
\hline
     & 801 + 200 = 1001 \\
1542 & 771 + 30 = 801 \\
     & 764 + 7 = 771
\end{array}
$$

上式是从列底数开始相加的，至列顶结束。

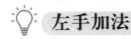
左手加法

　　当几列数相加，可以自下向上，从左开始以列为单位把数相加。当第一列数相加后不急于写出来，而是与第二列数依次相加，把得数写在线下，然后相邻的后两列也重复这样的计算。如果每两列计算所得的和只有两位，所得数可以另起一行，在前一得数的右边位开始写；如果得数为三位或更多，那么需另起一行，从上一得数的个数位位置开始写。最后把几次计算所得和相加，该进位则进位，数的列数多也不要紧，只需重复上述过程即可。有一点需注意的是，每次计算所得和不能简单相加，而是放置在不同位置，做有关运算后得出最终的结果。

1798

9788

8967

7899

————

281

352

————

28452

　　在上例中，假定我们自下向上相加，左手边第一列相加得 25。25 与右列中上面第一个数 7 相加，接着向下与这一列中的其他数相加，分别得到 257，264，273，281。最后一个得数 281 就是第一列与第二列数相加之和，写在线下。下两列也这样计算，下一列数之和是 32，分别与第四列的各个数相加得到 328，336，343，352。352 需另起一行写在 281 之后，281 的 1 下面对应的是 352 的 3。

将上例变化一下，更有意思。

按上面的做法，从左至右，从下至上计算。第一列数相加得 25。然后把 25 和第二列的各个数分别相加，我们得到 281。接下来就不一样了，我们只写下 28，把 1 留给下面的计算，得到 19，接着与第三列中的另外三个数相加，得到 42。与第四列数相加，从 8 开始，得到 428，436，443，452。452 可以另起一行，直接放在 28 后面。这种方法没有另外需要添加的加法，两次计算所得数在放置时无重叠位。（见例 a）

对于多于 4 列的列数，我们先把 28 写下来；接着完成下面两列的相加得数 45，另起一行写下来，2 将进位，添在下一列。（见例 b）

（a）	（b）
1798	17986
9788	97882
8967	89675
7899	78991
———	———
28	28
452	45
———	34
28452	———
	284534

实际计算时，上两例中的加法得数可以写在一起；这里分两行来写是为了对这种方法做说明和解释。

 ## 列与列间无进位加法

下面引入一种几列数相加的便捷方法。右手位的第一列数相加后，和写在下面，如果得数有两位，则十位数放在第二列下，个位数放在第一列下。如果得数是三位数，则百位数放在第三列下面，其余位的放置如前述。接下来第三列数相加，得数的百位数放在第三列下，得数的十位数放在第四列下，等等，以此类推。假定有四列相加，然后把第二列数相加，得数按上述规律放在已经形成的两行得数的相应位置。最后把第四列相加，得数也做相应放置。两行数相加后得到想要的结果。

$$8984$$
$$8435$$
$$9917$$
———
$$2216$$
$$2512$$
———
$$27336$$

在例中，第一数中的16是第一列数之和，即 16 = 4 + 5 + 7；下一数为第三列数相加之和，22 = 9 + 4 + 9。在下一行中，12 是第二列数之和 12 = 8 + 3 + 1，25 是第四列数之和 25 = 8 + 8 + 9。

如果得数中有三位数，放置位置按上述内容，唯一不同之处在于，需要再增加一行，三位得数只发生于列中 12 位数相加时。假设四列数中的第一列数相加得 116，第三列数相加得 322，第二列数相加得 312，第四列数相加得 125，其排列如下：

$$
\begin{array}{r}
116 \\
322 \\
312 \\
125 \\
\hline
159536
\end{array}
$$

在这个例子中，按正常的次序放置各个和应该更好。此方法只适用于当每个实际得数都小于 100 时，且每个和少于三位数字。

$$
\begin{array}{r}
382925 \\
399098 \\
976879 \\
\hline
1547781 \\
21112 \\
\hline
1758901
\end{array}
$$

　　自左列开始，相加得 15，写在下面。下一列数的和是
24，这次把 2 放在 5 下面，4 在 5 右边。其他列数的和也按
照这个方法放置，它们的和是 17，17，18 和 21。所有得数
都倾斜放置在两行中，最终的结果是由所有得数和而得到。

 ## 凑整相加

　　两个小一些的数相加的捷径是将其中一个数通过加或
减而凑整计算。另一个数则做完全相反的运算，最后把两
个数相加。如 97 加 86 的计算：100 － 3 = 97，那么要保
持值不变，86 要减掉 3，86 － 3 = 83，那么我们可以很直
观地得出 97 + 86 = 100 + 83 = 183。如果我们只把第一
个数取整，而保持第二个数不变，那么因取整而加上或减
掉的数要在总的得数中做相应减或加运算。

$$97 + 3 = 100$$
$$86 - 3 = 83$$
$$\overline{}$$
$$183$$

　　进一步执行相同的方法，引出了下面的加法。加上或
减去某个数，将每个数凑整；加上凑整数，加上或减去增
量，加上你减掉的数，减去你加上的数。如 341，896 和
302 相加。将 59 加至第一个数，将 4 加至第二个数，把第
三个数减去 2。结果可以给出了，需要加上或减掉的数如
下所示：

$$341 + 59 = 400$$
$$896 + 4 = 900$$
$$302 - 2 = 300$$
————　　————
$$1539 \quad 61 \quad 1600 - 61 = 1539$$

因 59 和 4 是为了凑整而加上的数，最后要被减掉，2 是为了凑整而减掉的数，最后要加上。所以我们说 59 加 4 得 63，63 减掉 2 得 61，这个得数最后要被减掉。

 ## 一看便知得数

能直观地给出几个数的和被称为一看便知得数。有如下计算：23 加 45，59 加 75。每一列数相加，如同把每对数看成两列数相加，为了方便看清，我们中间以圆点相隔。

$$2 \cdot 3 \quad\quad 5 \cdot 9$$
$$4 \cdot 5 \quad\quad 7 \cdot 5$$
————　　————
$$6 \cdot 8 \quad\quad 14$$
$$\quad\quad\quad\quad 12$$
$$68 \quad\quad ————$$
$$\quad\quad\quad\quad 134$$

假设眼睛盯在两列数中间，也就是圆点所在的位置，可以立即看到 6 和 8，得数 68，或 12 和 14，得数是 134。

当然读者会明白这不是一个直接相加的例子，它是两个例子，一个是 60 加 8，另外一个是 120 加 14，但从直觉上说像是一个例子。这个加法有一点儿心理学的味道，计算者要毫不迟疑地给出答案，不要相信感觉，否则会在速算中出现错误。

 ## 反向或左手加法

当两个大数相加，计算往往自个位开始，但从左手位相加更好些，也就是反向或左手加法。

从左手位相加，用心算方式。如果右邻的两个数字相加，得数小于 9，写下左手位数字相加的和。如果右邻的两个数字相加，得数大于 9，则进位 1，左手位数字相加后再加上进位值 1，写下它们的和。如果右邻的两个数字相加等于 9，看一下其右面的数字，是如何相加的。如果小于 9，把和写下来；如果相邻数字的和是 9，看一下再相邻的数字之和是否小于 9。如果是这样，则无进位；如果超过 9，则进位 1；如果是 9，则往右继续看数字之和是小于9，等于 9 还是大于 9，做相应的处理。这样做起来十分简单，只不过描述有些复杂罢了。通过以下加法实例，会更清楚些：

$$
\begin{array}{r}
7906872 \\
8293138 \\
\hline
16200010
\end{array}
$$

我们用心算就可以了，不需要写下来，第一对数 7 加 8 得 15，第二对数字相加大于 9，则进位 1，15 + 1 = 16。第二对数字是 9 加 2，得数 11，第三对，第四对数字及第五对数字相加都等于 9，第六对数字 7 加 3，得数 10，需进位 1，第七对数字 2 加 8 等于 10，也需进位 1，所以最终结果的个数位得 0，第六位相加后再加进位 1 得 2，第三、四、五位求和后留下 0，第二位求和后加上进位变成 2。

这个方法很复杂，一般来说，算起来更容易些，心算之后写下答案就可以了。

尤其是在取对数时，更推荐采用这种方法，仅有两个大数相加时，这个方法是最佳的。如果多于两个数相加，它就不太实用了。

 补数加法

下面是加法的补充内容，很实际，也很有用。它是两列数同时相加的方法。

把下列数相加：78，54，89 和 65。

78 + 22 = 100	54 − 22 = 32	78
100 + 32 = 132	89 − 68 = 21	54
132 + 68 = 200		89
200 + 21 = 221		65
221 + 65 = 286		——
		286

补数 22 与第一个数 78 相加，得到 100。刚才加上去的补数被下一个数 54 减掉，得到 32，与 100 相加，得到 132。这是前两个数的和。132 加上补数 68，得到 200。这个补数 68，被第三个数 89 减掉，差值是 21，与 200 相加，得到 221。好了，加上最后一个数 65，直接与 221 相加，得出答案 286。

如果补数大于下一个数，则差值是由百位数减去相应的数。请关注下例中的 62，11，23 和 1。

62 + 38 = 100	38 − 11 = 27（被减掉）	62
100 − 27 = 73	27 − 23 = 4（被减掉）	11
73 + 27 = 100		23
100 − 4 = 96		1
96 + 1 = 97		——
		97

第一个数的补数 38，比第二个数大。因此，过程正好相反，第二个数被差值减去，得到的值从 100 中减掉而不是被加上。73 的补数由大数与第三个数 23 的差值而得到，后者被 27 减掉，剩下 4，被 100 减，而不是加上。得数 96，再加上最后一个数，总数是 97。

在纸上实际做一下，通过详细运算之后，几乎只凭心算就能得出答案了。

第三章

减法

　　算术减法是指大数字减小数字的运算。在代数学中也可以做逆运算，小数字可以当作被减数，余数会成为负数，但这不在算术的范畴之内。

　　减法也许是四种算术运算中最简单的运算；一般意义上讲，普通的加法、乘法和除法要更为复杂，但是对减法做一些修改后，我们可以看到，它做起来会复杂些。

 ## 减法的原理

　　如果我们把 0 也看作是一个数字，那么单位数之间会有 100 个减法。那么从 1 要减去 10 个数字中的任一个，对 2 来说也是这样，因为有 10 个数字，所以共有 10 × 10，即 100 个减法。

　　在这些减法中，必须要"借 10"和"进 1"；那么照这样做的单位数的减法共有 45 种。

　　为了更好地做减法运算，这些运算必须烂熟于心。

　　对普通减法没什么可说的。小数字，减数，通常放在作为被减数的大数字下面，逐位相减。在简单减法中有一点优势，即可以做到两位数同时相减。如果要做到两位数准确地相减，可参阅前述成组加法的章节。

　　减数通常放在被减数下面，当然也不是一定的。计算时可以自上向下或自下向上做减法。之所以把减数置于被减数下面是出于方便计算的考虑。

简化减法

　　简单减法的简化基于如下考虑：某个数减掉一个 10 的倍数比减掉其他两位数更容易些，减去 30 比减去 27 更容易，这是第一点；第二点，两数相减，将两数同时加上或减去一个数，最终值不变，39 − 27 = 12，两个数同时加 3，有 42 − 30 = 12。两式比较，最终得数相同。假设两数均减去 7，则有 32 − 20 = 12，最终得数与上两例相同。

凑整相减

　　为了应用这些原理，我们选了一个数，从被减数和减数中加上或减掉它，相加或相减后产生了一个新的减数，它是 10 的倍数。接下来我们看看是怎样做的。通过减数凑十法，我们的计算变得超级简单，很快能算出结果。

　　用 9783 减去 3865。把两个数同时加上 135，好像不值得这样做，按常规去减更容易些。但是我们把这几个数分组，并在右手组加 5，在左手组加 2，那么运算变得很简单了，结果很快出来了。

a	b		c	
9783	9783 + 135 = 9918	97 + 2 = 99	83 + 5 = 88	
3865	3865 + 135 = 4000	38 + 2 = 40	65 + 5 = 70	
——	——	——	——	
5918	5918	59	18	

常规减法见例 a，在例 b 中 135 是凑整用的数，在例 c 中，成对相减，凑整用的数是 2 和 5。

凑整减法既简单又容易，举出的例子中应用的就是这种方法。

成对相减

做成对减法，有时要涉及进位，这并没有什么难度。如果有借位 1，那么需要从上一组计算结果中减去 1。

9765 减去 3983，用成对相减法。

左手数加 1，右手数加 7，可以得到：

9765	98	72
3983	40	90
——	——	——
5782	57	82

在 72 减 90 的过程中，我们需要借位 1，所以上组数加完后要减掉 1，即 98 – 40 – 1 = 57。

与加上一个数相比，有时减掉一个数反而更好。在成对相减中，某对数需要减去一个数，另对数需要加上一个数。最后一个例子用的是成对相减；在例 a 中，从左边数中减掉 9，从右边数中减掉 2；在例 b 中，左边数加 1，右边数减 3；在例 c 中，左边数减 9，右边数加 7。

a		b		c	
88	62	98	62	88	72

30	80		40	80		30	90
——	——		——	——		——	——
57	82		57	82		57	82

　　在所有例子中，都用到借位，所以得数不是 58 而是 57。成对计算结束，结果给出：5782。

　　上例有些变化，即只从一个数中加上或减掉某值。通过相减，得到第一个差数；如果减数还要加上某个数，那么第一个差数也要加上这个数；如果减数还要减去某个数，那么第一个差数也要减去这个数。如果被减数要减掉或加上一个数，则第一个差数要做相反的运算。下例可以说明这个方法。

　　用 3863 减去 287：13 加 287 得到 300，从 3863 中减掉 13，并在差数中加上 13；3863 - 300 = 3563，3563 + 13 = 3576。这是一个用到加法的例子。假设用 3576 减去 313：从减数中减掉 13，得到 300；从 3576 中减掉 300，得到 3276；我们还要再减去 13，得到最终结果 3263。

 ## 用目测做减法

　　两位数的减法可以在简单目测后用凑整法去做。用 73 减 39，把 9 和 3 去掉，用 70 减 30 得到 40，接下来，3 要被加上，9 要被减去，即要从 40 中减掉 6（9 - 3），得数 34。以下给出 a、b、c 共三个例子：

a	73 - 39 = 40 - 9 + 3 = 34

| b | 97 - 38 = 60 - 8 + 7 = 59 |
| c | 98 - 37 = 60 - 7 + 8 = 61 |

 ## 以加法做减法

售货员找零时会频繁地用到加法，同样的过程可以用于任一个减法。假设 987 减 281。左边的例子用的是常规减法，右边的例子用的是加法。后一种方法的过程是这样的：先写下减数 281，在它下面标一道线，在线下写被减数 987。接着在线上写出另一个数，它与 281 相加后得到 987，这个数是 706。

987	706
281	281
———	———
706	987

现在用加的方法去做 931 减 283。像前面那样去做，除非在加法中用到两次进位，那么在线上写出 283，线下写出 931，3 和 8 相加是 11。3 上写 8，进 1；8 加 1 得 9，再加 4 得 13。4 写在 8 之上，1 进位得 2；2 加 1 得 3，3 加 6 得 9。6 写在 2 之上，得到最终结果 648。

| 648 |
| 283 |
| ——— |
| 931 |

反向或左手减法

反向或左手减法与反向或左手加法类似，甚至比加法
更好，如果读者明白其中一个，另一个也就简单了。在做减
法时能采用的较好的方法，可以在正常计算时优先选用。

用 8906872 减 7293138。简单目测即可得出答案。

$$
\begin{array}{r}
8906872 \\
7293138 \\
\hline
1613734
\end{array}
$$

过程如下：8 减 7 是 1，观察一下后面的数（两位一
组），均不须借位。接着 9 减 2 得 7，但后面的运算是 0
减 9，需借位，7 变为 6。然后按常规计算，直到 7 减 3 为
止。个位数 2 减 8，所以 7 减 3 后得数 4，还要再减 1 得
3。则个数相减后得到 4。一些练习之后，我们可以很快地
写出得数来。在对数计算竞赛中，计算者只需简单目测后
就能"复制"出答案。

用 9991 减 8999。此处我们先向右看一下，从第一、
二位数直到个位数，1 减 9 需要借位，本来 9 减去 8 剩 1，
因有借位，所以 1 无剩余。9 减 9 也没有剩余。最终结果
是 2。

补数减法

一个数的算术补数是用该数右邻的 10 的倍数减去该数所得值。

1 的补数是 10 – 1 = 9；63 的补数是 100 – 63 = 37；对于小数，这个规则一样适用，0.361 的补数是 1.000 – 0.361 = 0.639。

计算补数的一般方法是该数的个位数被 10 减，其他被 9 减从而得到补数，这样免去了进位 1。69572 的补数这样得到：9 – 6 = 3，9 – 9 = 0，9 – 5 = 4，9 – 7 = 2，10 – 2 = 8，按顺序把得数写下来得到 30428，69572 的补数则是 30428。因为该数右邻的 10 的倍数值是 10000，所以与其用它逐位去减 69572，不如按上述规则计算，能很快得到答案。

补数用在减法中，尤其是当一个数被几个数之和减掉时更为适用，在对数计算中经常被采用。

在做减法时，加上减数的补数和减去 10 的倍数值可以得到想要的结果。与减数补数相加之和的左手位 1 和后面的 0 需要去掉，得到最终结果。如 9903 – 9872，步骤如下：

	9903
9872 的补数	0128
	——
相加	10031
把 10000 去掉	31

在上述例子中，补数之前的 0 用来凑位，最终得数是 31。在如此简单的例子中可能看不出来什么，我们再做一下更复杂的例子。

用 9836，1072 和 1191 相加后再减去 1193。三数之和是 12099，减掉 1193 后得到 10906。这个过程包含了两个运算。用补数的方法去做时，先从上到下写出这三个数，在其下写出减数的补数。

	9836
	1072
	1191
1193 的补数	8807
	————
相加	20906
去掉 10000	10906

去掉 10000 的步骤，简化了在补数计算中减掉右邻 10 的倍数和从正确数位减 1 的过程。正确数位是指在计算补数过程中 10 的倍数值中的 1 所占用的位置；对于 1191 我们用到 10000，所以 1 处在第 5 位，它应该被去掉。假设用 18931 去减 9991，得到 9991 的补数，需要用到 10000。当然要做的是需要从 10 中减去 1，其他数位则需要被 9 减掉，得数 9。但最好的方法是在补数前加 0 补位，可以得到 0009，将其与 18931 相加。

$$
\begin{array}{r}
18931 \\
0009 \\
\hline
\end{array}
$$

相加并去掉 10000   8940

得到最终结果：8940。

有三项现金到期：109.50 美元，186.71 美元和 199.25 美元；持有现金 118.33 美元；用算术补数计算现金余额。

$$
\begin{array}{r}
\$\,109.50 \\
186.71 \\
199.25 \\
881.67 \\
\hline
\end{array}
$$

\$118.33 补数

相加并去掉   \$ 377.13

 和相减

　　当几个数的和减去另外几个数的和时，通常的做法是先把每组数单独相加，得到两个和，然后再做减法，但是也可以直接做。在下例中，共有两条线（顶线和底线），顶线下 3 个数被顶线上 3 个数减掉，按如下步骤去做：2 + 2 + 3 得 7，记住这个得数，9 + 9 + 6 得 24。24 − 7 得 17；把 7 写在底线下，并进位 1 给顶线上下一列数。得到 22 减掉 2、1 和 1 的和；接着 1 + 8 + 6 + 7 − 4 得到 18；8 写在底线下，1 进位给顶线上下列数，这样一直算到

最后。如果最后在十位有一个数，如例中所示，把它写下
来，运算结束。下例中，进位 1 适用于底下的数即减数。
9 + 8 + 9 得 26，记住这个得数，6 + 0 + 2 得 8。接着
26 的 6 被 8 减掉，剩余 2 写在底线以下，2 进位给减数下
一列，即 2 + 8 + 6 + 7 = 23。对应顶线上的那一列之和
是 16；23 的 3 被 16 减掉，剩余 13；在底线下写 3 并进位
1（23 的 2 和 16 的 1 的差值）给底线上下一列数。按照这
种方法，我们得到 27 − 13 = 6，放在底线下，2 进位给底
线上下列数。0 进位给顶线上的数；净值 2 进位给底线上
下一列数；最后我们必须用 4 + 4 + 9 减 2 + 2 + 1 + 2，
得数 10 写在底线下。

　　计算过程十分简单，要点在于进位要正确，也就是说
要进对正确的位置。

9476
4020
4972
——
2979
1968
2889
——
10632

和相减的补充内容

　　下面的方法是同种类减法的一些变化。底线上的数相加并且其和被其右邻的 10 的倍数减掉。比如任一列数相加得 14，需要被 20 减掉，得到 6，6 被加至顶线上的列。假设顶线上的列和 6 相加得 23；那么 3 被写在底线下作为最终结果，数中有两个 10 用来给出底线上该列数的补数，对应的顶线上列之和也有两个 10，但无进位。底线上该列数需要用 20 做减法以获得补数，顶线上该列数相加得 23，然后是 10 的差值，如一个 10 小于两个 10，将会被底线上下列数减掉。顶线上该列数相加超过 10 用来取得底线上该列数的补数，差值将会加至底线上下列数。

　　现在参考实例，底线上第一列数相加得 14；由 20 减去 14 得到补数 6；6 被加至顶线上对应列，和是 23；3 写在底线下，无进位，因为 23 的 2 抵消了 20 的 2，20 源于刚才的补数计算。底线上第二列数相加得 9，其补数为 10 － 9 ＝ 1；1 被加至顶线上对应列，得到 20；0 写在底线下，20 和 10 的差值被划整，去掉 0 并作为大十数，属于顶线上对应列的差值，1 被底线上第三列减掉，和变成 17；补数是 3，加至对应的顶线上的列后得到 13，底线上补数的差值 20，与顶线上列数之和中的 10 对应，差值加至底线上第四列，而不是像之前那样被减掉。差值是 1，底线上第四列数之和是 8，补数是 10 － 8 ＝ 2，加至顶线上对应列后得 21；1 被写在底线下，10 的差值 1 被加到顶线上第四列，因为没有对应的底线上的列数可减掉它。结果是 16，写在底线下，计算结束。

56243

84164

3452

26348

———————

2942

3654

2308

———————

161303

 ## 减法的性质

下面是一些减法的性质。

用一个数减去另一个数，再做逆运算，即用刚才的减数减掉被减数，这两个运算中肯定有一个要借位，先不要去管它，假设有位可借，把两个运算结果写出来并相加求和，如果是单位数相加，结果是 10，如果是两位数相加，结果是 100，等等，以此类推。

见下例：

a		b		c	
9	3	96	32	875	221
3	9	32	96	221	675
—	—	—	—	—	—
6	4	64	36	454	546

不用考虑无位可借，例 a 中 6 + 4 = 10，例 b 中 64 + 36 = 100，例 c 中 454 + 546 = 1000。

第四章

乘法

乘法是加法的捷径

乘法是加法的捷径。如果计算 9 乘 7，我们能很快在乘法表上找到答案，立刻得出 63。如果分析一下，那么这个计算的内容是 7 个 9 相加，即 $9 + 9 + 9 + 9 + 9 + 9 + 9 = 9 \times 7 = 63$。

反过来也一样：7 乘 9 和 9 乘 7 的计算结果都是 63。

 ## 乘法表

乘法表是做乘法前要掌握的最基本的东西。

几乎所有乘法表的上限都为 12 乘 12。

乍一看，乘法表让人望而生畏，但实际不是这样。我们已经知道两个数的加法看起来很简单，是因为我们关注两数之和。在 45 个组合中只包含了 17 个和。

乘法表上限为 12 乘 12，看似有 144 种算式需要记住。分析后变得简单了，我们可以忽略 1 乘以一个数，从 1 乘到 12 的运算人人心知，那么还剩下 132 种运算。在剩下的 2 到 12 之间的乘法运算中，有 11 项与 1 相乘的数，如 3 乘 1 得 3，4 乘 1 得 4，如果把这些去掉，还剩下 121 种运算。在剩下的运算中，有很多式子是可逆的，如 3×4 和 4×3。如果把以上两个运算按一个运算对待的话，那么运算可减至 67 个。有些得数是重复的，所以实际上只有 49 个得数。即：

4 6 8 9 10 12 14 15 16 18 20 21 22 24 25 27 28 30 32 33 35 36 40 42 44 45 48 50 55 56 60 64 66 70 72 77 80 81 84 88 90 99 100 108 110 120 121 132 144。

 扩展乘法表

至于现行乘法表为什么只停留在 12 乘 12，我们不得而知。许多老师建议将其延至 20 乘 20，甚至 25 乘 25。

我们不必非得了解较高数的乘法，可以通过一些计算很快把它们相乘的结果求出来。可以利用较低数（如 2 或 4）的乘法运算求出较高数的乘法；$14 \times 14 = 7 \times 2 \times 7 \times 2$；$16 \times 16 = 8 \times 2 \times 8 \times 2$，可以推广到其他偶数乘法。

一些较高数的平方如 16×16 可以看作 4×64，$64 = 8^2$。

但当我们碰到像 13，17 等素数时，没有计算的捷径，只能靠实际计算得到。

接下来，如果你对乘法表能做到用心算就可以完成较高数的乘法，那真是太棒了。奇数的乘法要记牢。

 与双数或两位数相乘

与一位数相乘总比和两位数相乘要简单。如 29 乘 14，如果 29 的两倍值乘以 14 的一半，结果可以给出来了，如下所示：

$$29 \times 2 = 58$$
$$14 \div 2 = 7$$
—
$$406$$

某个数的乘法可以由这个方法推而广之；总的原则是在乘或除时，要使其中一个数变成单位数形式。困难之处在于碰到不能整除即有余数的情况。

 两位数的乘法

两位数相乘，十位部分的数字相同，如 56 和 53，69 和 64，可以按以下方法：

个位数相乘；把个位数相加后乘以其中一个十位数并附带一个 0；十位相乘附带两个 0；将三个积相加得到最终结果——即原始数的积。

63 乘 69。

$3 \times 9 = 27$，这是个位数相乘的积；用个位数的和 3 + 9 = 12 乘以十位数 6，积是 $6 \times 12 = 72$；附带一个 0，得到 720；将十位数相乘得到 36，附带两个 0，即 3600；上面三个部分求和，$27 + 720 + 3600 = 4347 = 63 \times 69$

下面是两个例子：

$97 \times 93 = 9021$	$91 \times 92 = 8372$
$7 \times 3 = 21$	$1 \times 2 = 2$

$9 \times 10 = 900$	$9 \times 3 = 270$
$9 \times 9 = 8100$	$9 \times 9 = 8100$
——	——
9021	8372

上例中 0 被直接加上去了，没有再做特殊说明。

上例中的方法可以扩展到更多位数的算法中，前提是计算者要知道这些更多位数的平方值。下面是两个例子：

$259 \times 257 = 66563$	$303 \times 308 = 93324$
——	——
$9 \times 7 = 63$	$3 \times 8 = 24$
$25 \times 16 = 4000$	$30 \times 11 = 3300$
$25 \times 25 = 62500$	$30 \times 30 = 90000$
——	——
66563	93324

同之前一样，0 直接加上去。

 增量乘法

假设有两个两位数相乘，将某个数加上一个增量，相应地，另一个数减去这个增量，我们可以得到两个十进制新数。然后取两原始数之差，加上刚才的增量值并乘以得到的和，加到第一个积中。如果增量值与大数相加，且从小数中减掉，得到的结果将会是两个原始数的积。但如果增量与小数相加，且被大数减掉，接下来，两原始数的差值减去增量并乘以增量，从得到的第一个积中减掉这个相乘后的值。第一个过程由左手计算，第二个正如所描述的那样是右手计算。在 83 乘 62 的运算过程中可能看到：

83 + 2 = 85	21	62 + 3 = 65	21 − 3 = 18
62 − 2 = 60	2	83 − 3 = 80	3
——	—	——	——
5100	23	5200	18
46	2	54	3
——	——	——	——
5146	46	5146	54

在左手例子中，增量 2 与大数相加，被小数减掉；它和两数之差 21 相加，得到和与增量 2 相乘，并被加到 85 × 60 的积中。在右手边的例子中，增量是 3，被加到小数中且从大数中减掉。两数之差 21 减掉增量后，得到 18，乘以该增量，并从 65 乘 80 中减去这个积。

 ## 另一种增量乘法

下述方法是基于以上方法的一个变化。每一个数都加上一个增量，用来产生 10 的倍数值，这样原来的数乘以由增量所致的其他数。这是一个单数乘法。第一个数加上增量值，乘以第二个数的增量值，仍然是单数乘法；第二个积被第一个积减掉，再加上两个增量之积可以得出答案。

用 687 乘以 893。第一个数的增量是 13，第二个数的增量是 7，两个数分别加上各自的增量后可以得到 700 和 900，即：

$$687 + 13 = 700$$
$$893 + 7 = 900$$

按规则，用 687 乘以 900，得到 618300。接下来用 700 乘以另一个数的增量 7，得到 4900。相减后我们得到 613400。再加上两增量之积，$7 \times 13 = 91$，由此我们可以得到答案，687 乘以 900 等于 613491。

下面用另一种方法做：$893 \times 700 = 625100$，减掉乘积 $900 \times 13 = 11700$，等于 613400，结果如前。再加上增量值 $7 \times 13 = 91$，得出 613491。

对于两个相乘的数，也可以将其减至 10 的倍数值，那样更容易些。过程如前，但不需通过加增量值的方法。用 805 乘 512，运算过程如下：

$$805 - 5 = 800$$
$$512 - 12 = 500$$

$805 \times 500 = 402500$；$800 \times 12 = 9600$；$5 \times 12 = 60$。将三个积相加，得到最终结果，412160。

最后，我们可以把一个数加上某值，而另一个数减掉另一个值。用 812 乘以 395，得出下式：

$$812 - 12 = 800$$
$$395 + 5 = 400$$

然后，$812 \times 400 = 324800$；$800 \times 5 = 4000$；$5 \times 12 = 60$；最后两积之和被第一个积减掉给出答案，320740。

我们可以用其他方法，395乘以800，400乘以12，像以前那样用5乘以12，需要加上第一个两数之积并且减掉第三个两数之积，一个需要把原始数加上增量，另一个需要把原始数减去某值，不要混淆。

 ## 三位数相乘的特殊方法

下面是有趣的三位数相乘法。用378乘以469，首先378乘60得到22680。再用378乘409中的9乘378得3402。把02记下来，其余部分记在心中。接着用4乘378。4乘8得32；与34相加得66；写下6，进位6；4乘7是28，再加6得34；把4写下来，进位3；最后4乘3得12，再加进位3等于15。现在有154602，再加上22680，得到177282，这就是想要的答案。

这种方法也许不太实用，但对于心算像409，309这样的数的乘法来说是一种极好的方法。

这个方法是十字相乘法的一个特例，后续将做进一步论述。

多项式乘法特例

用乘或除的方法从一个乘积中得到另一乘积，用多项式乘法就很方便，而不需要每次都与原被乘数相乘。

假如一个数与 63 相乘。乘以 3 后，不再与 6 相乘，而是把已经求得的乘积再与 2 相乘，这样做也可以得到正确的结果，因为与 6 等同于 3 和 2 的连乘。

现在我们写出一个数与 63 相乘的例子。

3982
63
——————
11946
23892
——————
250866

第一个乘积 11946 由 3982 乘以 3 得到；第二个乘积 23892 也可以由 3982 乘以 6 得到。但是如果使用下面的方法，则 23892 由 11946 乘以 2 得到。

如果仅凭写出的式子，看不出是用了第一种还是第二种方法。

假设乘数是 36，那么第一个乘积是 23892，第二个乘积由 23892 除以 2 而得到，并向左移一位放在 23892 的下面，二者相加可得：

$$23892$$
$$11946$$
$$\overline{}$$
$$143352$$

这种方法适用于乘数中包含有整除关系的数字。那么，我们来计算 2971 乘以 27633 的值。先写出 2971 乘 3 的积，即第一个乘积；将该乘积复制向左移一位放在刚才的积下面，这是第二个乘积；将刚才的积乘以 2，作为第三个乘积；用 2971 乘以 7 作为第四个乘积；最后将第三个乘积除以 3 作为最后一个乘积。如下例：

$$2971$$
$$27633$$
$$\overline{}$$
$$8913$$
$$8913$$
$$17826$$
$$20797$$
$$5942$$
$$\overline{}$$
$$82097643$$

上式看起来和普通乘法的计算没有什么区别，但联系上文的计算步骤，可以明白每一次的乘积是怎样得到的。另外要说明的是，如果乘数和被乘数换了位置，上面的计算过程将不能适用。如下式：

$$27633$$
$$2971$$
_____

这时，只有按常规方法来做乘法计算了，因为 2971 变成了乘数。当然，这不能阻止我们像上面那样相乘，变通一下，将 27633 当作乘数，那么上述方法就能适用。

这个方法有很多变化，它可以用来验证常规乘法计算结果是否正确。

反向或左手乘法

反向或左手乘法的称谓适用于以下方法，先做被乘数的左手数字的乘法，然后是被乘数的下一个数字的乘法，最后两者相加求得最终结果。

计算 79 乘以 9，先求 70 乘 9 的值，得数 630；再用 79 中的 9 乘以 9，得数 81；二者相加 630 + 81 = 711。

以下是三位数 634 与 8 相乘的过程：

$$600 \times 8 = 4800$$
$$30 \times 8 = 240$$
$$4 \times 8 = 32$$
_____
$$5072$$

这是答案。

因式相乘或比例相乘

乘数与被乘数中有一个被乘以某个数，而另外一个数则除以同一个数，总的计算结果不变，当然这样做的目的是为了简化运算，这里就用到了因式相乘或比例相乘。假设我们用29乘14，为了方便，我们可以把问题简化，可以把14除以2。为保持值不变，29要乘以2，那么，$29 \times 14 = 58 \times 7 = 406$。

用 $22\frac{1}{2}$ 乘以36，将被乘数与乘数同乘以或除以4，

则 $22\frac{1}{2} \times 36 = 90 \times 9 = 810$。

在上例中，$22\frac{1}{2}$ 乘以4，而36除以4。如果乘数与被乘数中的任一个数因相除而简化，那么相应地，另一个数也要乘以相同值。反之就不能化简。乘法可以使一个数简化，但另一个数却并不能除以相同数而简化。如45乘以27，用45乘以2得90，但我们却不能用27除以2。但这并没有难住我们，可以使用如下方法。

如果相乘可以使乘数简化，那么乘数乘以一个数得到简化，接着乘以被乘数，所得乘积除以乘数化简用的数，得最终结果，如 431×45。

45乘2得90，数字得到简化。$431 \times 90 = 38790$。用38790除以2得19395，而 $431 \times 45 = 19395$。

在这样的计算过程中，如果乘数的尾数是5到55之间的数，那么可以用到乘法表中的运算。

用269乘以55。55乘2得110。$269 \times 110 = 29590$，

它的一半是 14795。

以后的章节中，我们还要讨论乘数是 11 和 5 的乘法。

 ## 可整除项乘法

可整除项指的是可整除的整数除以该数后，商是整数且无余数。5 是 15 或 25 的整除项，因为 15 或 25 除以 5 后，商是整数且无余数。

可整除项 100 常常被用于简化运算中。假如我们想知道 2000 的十六分之一是多少，可整除项 100 的十六分之一是 $6\frac{1}{4}$，所以 2000 的十六分之一是 125，因为 $6\frac{1}{4}$ 乘以 20 得 125，而 100 乘以 20 得 2000。

以下我们给出以 100 为基数的各个"等效可整除项"的值。

2······$\frac{1}{50}$	$12\frac{1}{2}$	$\frac{1}{8}$	60 ······	$\frac{8}{5}$
4······$\frac{1}{25}$	$13\frac{1}{8}$	$\frac{2}{15}$	$66\frac{2}{8}$	$\frac{2}{8}$
5······$\frac{1}{20}$	$16\frac{2}{8}$ ······$\frac{1}{6}$		75 ······	$\frac{8}{4}$
	20 ·········$\frac{1}{5}$			
$6\frac{1}{4}$ $\frac{1}{16}$	25 ······$\frac{1}{4}$		80 ······	$\frac{4}{5}$
$6\frac{2}{8}$ $\frac{1}{15}$	$33\frac{1}{8}$ ······$\frac{1}{8}$		$83\frac{1}{8}$	$\frac{5}{8}$
$8\frac{1}{8}$ $\frac{1}{12}$	50 ·········$\frac{1}{2}$		$87\frac{1}{2}$	$\frac{7}{8}$

　　100 的"等效可整除项"实际是百分数，左列数也可以写成小数格式，即 0.02，0.04 等。根据小数点后数字的个数，可以读作百分之几，千分之几。可以写作 0.125，0.1333 等。

　　因为这些数以 100 为基数，所以在美元计算中应用很广；1 美元的三分之一是 $33\frac{1}{3}$ 美分，1 美元的五分之一是 20 美分。

　　上表并不完整，因为实际应用中基数就有很多种。以前的运算理念是基于它的使用而扩展的。

　　可整除项常用于乘法计算中。请通过下面的例子看一下具体应用。

　　乘以 50 附带两个 0 并除以 2，$32 \times 50 = 3200 \div 2 = 1600$。

　　乘以 25 并附带两个 0 且除以 4。$28 \times 25 = 2800 \div 4 = 700$。

　　乘以 20 并附带两个 0 且除以 5。在这个例子中一般说来，可以直接相乘，但由于某种原因可以用间接的方法去做。

　　运算可能合并。如乘以 75 并附带两个 0 且除以 4；接着原数附带两个 0 除以 2 并加上所得商得到最终结果。$29 \times 75 = 2900 \div 4 = 725$，并且 $2900 \div 2 = 1450$，$725 + 1450 = 2175$。

可整除项乘法实际应用

可整除项应用的某个便利之处在于，它可以使我们省掉分数。它们只适用于此处所提到的十字制数，因为我们的货币是十字制的，所以在业务计算中它们有更广泛的应用。如果使用公制时，同样有用武之地。

以下给出一些应用实例：

每篇文章的成本是 2.50 美元，那么 55 篇文章的总成本是多少？55 后加 0 再除以 4：550 ÷ 4 = 137.5 美元。

用 28791 乘 125。可以用两种方法计算，可以加上三个 0 后再除 8，因为 125 是 1000 的 $\frac{1}{8}$，得数是 3598875；我们还可以乘以 100 再加上乘积的 $\frac{1}{4}$，因为 25 是 100 的 $\frac{1}{4}$，2879100 + 719775 = 3598875。两种计算方法得到的结果是一样的。

1000 的 $\frac{5}{8}$ 是多少？可以通过直接相除求得，即 625；也可也用 1000 的 $\frac{4}{8}$ 即 500 加上 1000 的 $\frac{1}{8}$，即 125。最终得 625，两个结果一样。

另外一种方法更适用于混合数中的分数计算，见下例。

100 乘以 $2\frac{1}{4}$，一种方法是用 100 乘以 2 再加上 100 乘以 $\frac{1}{4}$，100 × 2 = 200，100 × $\frac{1}{4}$ = 25，200 + 25 = 225。这样做看似简单，但在某种情况下，另一种方法更方便。先把被乘数乘以乘数中的整数部分，所得积乘以分数的一半，两部分相加后得到最终结果。即 100 乘以 2 得 200，200 乘以 $\frac{1}{4}$ 的一半，得 $\frac{200}{8}$，也就是 25，相加后得 225，同前。

如果乘数是 $4\frac{1}{2}$，对于第一个积 400，需要加上的是 400 的 $\frac{1}{16}$。所有的计算方法得到的结果是一样的。

这是一个分数计算的辅助方法，假设一个数要乘以 $2\frac{2}{3}$。显而易见的是，乘以 2 并且加上乘积的 $\frac{1}{3}$ 比加上被乘数的 $\frac{2}{3}$ 算起来更容易些。要乘以 $\frac{1}{3}$，只需除 3；要乘以 $\frac{2}{3}$，需要先除 3 再乘 2，多了一个步骤。

混合数不好确定是否可以应用此规则，但是很多情况下用到了这一规则。如果乘以 $6\frac{3}{4}$，也就是乘以 $6\frac{6}{8}$，因为 $\frac{3}{4}$ = $\frac{6}{8}$。计算可以化简为被乘数乘以 6 再加上乘积的 $\frac{1}{8}$，很明显乘积的 $\frac{1}{8}$ 等于被乘数的 $\frac{6}{8}$。与常规计算相比，这样做更容易一些，被乘数乘以 3 再除以 4 可以得到要加到乘积之中去的数。

77 乘以 $8\frac{2}{5}$，也就是乘以 $8\frac{8}{20}$，77 乘 8 得 616，再加上 $616 \times \frac{1}{20}$，或加上 616 除以 20。得到 $616 + 30.80 = 646.80$。如果用常规方法，我们要用 77 乘以 2 再除以 5，第一种方法更容易。

给出的可整除数，以 100 为基数。这个方法也可扩展应用到因子相乘。这个方法是如此广泛，并有具体的应用。借助于众多实例和具体的表述，如果能采用这个方法，新的计算也就没那么多困难了。

 ## 因子相乘

要应用因子相乘，那么乘数必须可以分解成因子；被乘数先与分解后的某个因子相乘得中间积，这个积再与其他因子相乘得出最终答案。

用 1986 乘 18。18 除以 2 得 9。1986×9 = 17874；17874×2 = 35748，最终答案得出。也可以第一次乘以 2，第二次乘以 9。

一个小于 36 的数除以 3 后，可以借助乘法表来计算。

3986 乘以 36，为了应用上述规则，将 36 除以 3，得到两个因子 12 和 3，连续相乘后得到答案，3986×12×3 = 143496。

对于不超过的 48 的数，除以 4 也可以应用上述规则。对于不超过的 108 的数，除以 9 也可以应用上述规则。乘数与两个因子相乘的方法从理论上可以拓展到足够大的数的运算。

对于 243，可以除以 3，9 或再除以 9，然后应用因子相乘的方法。

这个方法更适用于以一个 0 或多个 0 为尾数的数字，如 180 可以分解为 3 乘 60 或 2 乘 90。

可以看到，乘以 25 可以由添加两个 0 或除以 4 的方法得到。假如一个数要乘以 24，被乘数添加两个 0 后再除以 4；因为规则要求乘以 25 时，添加两个 0 再除以 4，所以刚才得到的数还要再送去一个被乘数。如 243 乘以 124，先用 243 乘以 100，然后 243 后添加两个 0 再除以 4，与刚才的乘积相加，最后减去 243 得到答案，计算过程如下：

243 × 100 =	24300
24300 ÷ 4 =	6075
	————
	30375
减	243
	————
	30132

如果 26 作乘数，则需要加上而不是减去被乘数。

9 的乘法

一个数，要和 9 相乘，先写出这个数，想象有一个 0 放在其后。接着用未写出的那个数减去这个数。即用 0 去减原数的个位，进 1 后再减去原数的下一位数字。在例中，0 减 3 剩 7，进 1；将 1 与原数中的 8 相加得 9，3 减 9 得 4 进 1 位。接下来是数字 5，8 减 6 剩 2，无进位。5 减 7 得 8 进位 1，7 减 7 得 0，无进位。所以到最后一位数 6 为止，整个运算完成。如果有进位 1，则 6 将减 1 得 5。

67583

——————

608247

 11 的乘法

一个数和 11 相乘，先把这个数写下来。取个位数作为积的个位，然后把个位数与十位数相加，如果得数是两位数，则把个位留下作为积的十位，再进位 1，如果得数是单数则不考虑进位。接着把百位数与十位数相加，如果刚才的计算有进位，则在这里加 1，把计算得到的个位数作为积的百位数。

在例子中，先写 3，接下来 8 + 3 = 11；1 留下，1 进位；然后 1 + 5 = 6，6 + 8 = 14，4 留下，1 进位；1 + 7 = 8，8 + 5 = 13，3 留下，1 进位；1 + 6 = 7，7 + 7 = 14，4 留下，1 进位，与最后一位数字 6 相加得 7。

67583

——————

743413

111 的乘法

乘以 111 的运算与上例实质上是一样的。先把 3 写下来，当作 2 积的个位，接着 3 + 8 = 11，1 留下，1 进位后与 5，8，3 相加得 17；7 留下，1 进位再与 7，5，8 相加得 21，1 留下，2 进位，如此类推。

 ## 补数乘法

补数乘法做起来很简单，取一个数的真补数完成运算，十位上包括了不同的数字。

从 10，100 或 10 的倍数中减去各数得出补数。将补数相乘并把一个数与其他数的补数的差值乘以 100，附在乘积之后。

以下给出两组数字，一组数 10 位数字相同，另一组 10 位数字不同。

用 97 乘以 93		用 87 乘以 95	
补数是 3 和 7		补数是 13 和 5	
3 × 7 =	21	13 × 5 =	65
97–7 = 90		87–5 = 82	
90 × 100 =	9000	82 × 100 =	8200
	————		————
	9021		8265

如果一个数因其他数的补数而减少，总的结果不变。

接下来的例子列出了相同的运算，适用于三位数。在此补数是该数和 1000 的差值，所以运算中的数要乘以 1000 而不是 100。

用 931 乘以 972		
补数是 69 和 28	69 × 28 =	1932
931–28 或 972–69 = 903	903 × 1000 =	903000
		———
		904932

 ## 得数末尾为 5 的乘法

两个数的尾数都是 5，求它们的积，过程如下：在右手位写下 25；乘以 5 左边的数，将乘积写在 25 下方；然后加上 5 左边数字之和的一半；把它们放在正确位置上。

用 45 乘以 25。把 25 写在右边；4 乘以 2 得 8；再加上 4 加 2 的一半，得 11，放在 25 的左边，结果是 1125。

用 35 乘以 45。十位数字之和不是偶数。接下来像上面那样，写出 25；把十位和乘积置前，加上十位之和的一半值；结果是 1575，运算如下：

	5 × 5 =	25
	30 × 40 =	1200
30 + 40 = 70; 70 ÷ 2 = 35		
		———
		1575

两个数同时相乘

两个数同时相乘，需要用被乘数的每一位数字乘以乘数，将所得值排列好并相加。这别无选择，所有的运算必须要做到最后。在例子中右边的计算要靠心算。

1575	$5 \times 23 =$	115
23	$7 \times 23 =$	161
——	$5 \times 23 =$	115
36225	$1 \times 23 =$	23
		——
		36225

接下来作为以上计算过程的拓展，我们写出所得的第四个乘积，以及要加的进位值；取设定的最后一个数，把最左手边的数字置前，再一次得到结果。如果这个方法应用后，那么所得的四个乘积是：115，172，132，236，最后的数字呈反序排列，35 中的 3 置前，得到的答案同前。

 ## 12—20 之间的数的乘法

要乘以 12 到 20 之间的某个数，下面的方法很有意思。

用乘数的个位数分别乘以被乘数的各个数字，按从右到左的顺序进行。如果有进位，按常规进行，计算出的积除了要加上上次运算的进位外，还要加上参与运算的被乘数右边相邻的数字，所得数的个位留下作为最终乘积的十位，所得数如果有十位则进位参与下次运算。乘数的十位数字不直接参与运算，只需重复上述步骤即可。

详细步骤见下例：

39712

17

─────

675104

$7 \times 2 = 14$	留 4 进 1	b.（7×1）
$+ 1 + 2 = 10$	留 0 进 1	c.（7×7）
$+ 1 + 1 = 51$	留 1 进 5	d.（7×9）
$+ 5 + 7 = 75$	留 5 进 7	e.（7×3）

$21 + 7 + 9 = 37$ 留 7 进 3 与被乘数最左边数字相加，所得和作为最终乘积的最左数位。

这种计算方法的要点在于最后一次中间计算所得积的进位要与被乘数最左边数字相加，作为最终乘积的最左数位。

 与 "青春数" 相乘

乘数值在 10 到 20 之间的乘法运算被称为与 "青春数" 相乘。它是十字相乘的一种变通，从广度来说，无论乘数有多大，都可以使用十字相乘法。它的使用只是受限于计算器的计算能力。十字相乘对于计算器的计算能力来

说，是一个极好的测试。如果乘数是特别大的数，因计算器的计算能力有限，十字相乘法很难成功应用。

 十字相乘法

十字相乘法指 1 位以上的数相乘时，不需要写出部分乘积。

把任一数的右手位的数字称作第一个数字；左边相邻的数字称为第二个数字，以此类推。如果一个数乘以另一个数，则被乘数的每一单个数字都乘以乘数的第一个数字，乘积直接写在下面。对于这样乘以第二个数字的乘积后，第一次的乘积要向左移一位。乘以第三个数字的乘积后，第一次的乘积要向左移两位，如果乘积包含两位数，第二个数要向左进位，以下通过实例予以说明。

用 72 乘以 63，把 63 看作乘数：

$2 \times 3 = 6$，两个原始数乘积的第一位数。接下来：$2 \times 6 = 12$ 与 $7 \times 3 = 21$ 相加得 $12 + 21 = 33$，3 是乘积的第二个数字，因此 3 要进位。最后 $7 \times 6 = 42$，加上进位 3 后得 45，是乘积的第三位和第四位数字，最终结果是 4536。

用 81 乘以 37，把 37 看作乘数，按规则有：

81×37，$7 \times 1 = 7$；这是乘积的第一位数字。

$（7 \times 8） + （3 \times 1） = 59$；9 是乘积的第二个数字，5 需进位。

$（8 \times 3） + 5 = 29$；这是乘积的第三位和第四位数字。

最终结果是 2997。

用 736 乘以 84，运算按规则进行：

6×4 = 24；4 是乘积的第一位数字，2 需进位。

（6×8）+（3×4）+ 2 = 62；2 是乘积的第二位数字，6 需进位。

（3×8）+（7×4）+ 6 = 58；8 是乘积的第三位数字，5 需进位。

（7×8）+ 5 = 61；这是乘积的第四位和第五位数字。

最终结果是 61824。

可以看到，被乘数中的每一个数字都与乘数中的每一个数字相乘。每个乘积都列在相应的位置。

用 429 乘以 643：

3×9 = 27；7 是乘积的第一位数字，2 需进位。

（9×4）+（2×3）+ 2 = 44；4 是乘积的第二位数字，4 需进位。

（9×6）+（2×4）+（4×3）+ 4 = 78；8 是乘积的第三位数字，7 需进位。

（2×6）+（4×4）+ 7 = 35；5 是乘积的第四位数字，3 需进位。

（4×6）+ 3 = 27；乘积的第五位和第六位数字。

最终结果是 275847。

用 3987 乘以 4926，运算如下：

7×6 = 42；2 是乘积的第一位数字，4 需进位。

（7×2）+（8×6）+ 4 = 66；6 是乘积的第二位数字，6 需进位。

（7×9）+（8×2）+（9×6）+ 6 = 139；9 是乘积的第三位数字，13 需进位。

（7×4）+（8×9）+（9×2）+（3×6）+ 13 = 149；9 和 1 是乘 9 是乘积的第四位数字，14 需进位。

（8×4）+（9×9）+（3×2）+ 14 = 133；3 是乘积的第五位数字，13 需进位。

（9×4）+（3×9）+ 13 = 76；6 是乘积的第六位数字，7 需进位。

（3×4）+ 7 = 19；9 和 1 是乘积的第七位和第八数字。

最终结果是 19639962。

十字相乘法是乘法运算的最高点，如果你能用四位或五位数的乘数去乘以等长或更长些的被乘数，那你可以把自己看作是专家了。十字相乘法可以由例子阐明，全部的例子做过之后，你才能更深入地理解这一法则。

在应用这一法则时，运算过程不必写出，但结果要逐位显示，大量实践才能获得丰富经验，有的人甚至能完成 12 位数或更多数位的运算。

 ## 滑动乘法

十字相乘可以用另外一种方式进行，称作滑动乘法。乘数单独写在一个小纸条上，但要是反序。放置于被乘数上面或下面，在之后的运算中在以位置表示的乘法做完后，总是从一个位置向左移。以下我们拿之前用十字相乘法做过的例子，这次改用滑动乘法。

用 72 乘以 63。

把反序的乘数写在小纸条上，即 36。把它放在被乘数之上而且是右手位数字与被乘数的右手位数字对齐。做如下相乘：

$3 \times 2 = 6$；这是乘积的第一位数字。

现在将纸条向左滑动一位；两个数相乘，将要表示的是两个数相乘。

（6×2）+（3×7）= 33；写下 3，另外一个 3 需进位。

接下来再把纸条向左滑动一位，将要表示的是两数相乘。

（6×7）+ 3 = 45，这是乘积的第三位和第四位数字。

最终结果是 4536。

用 429 乘以 643。把 346 写在纸条上，计算方法同上。

$3 \times 9 = 27$，7 是乘积的第一位数字，2 需进位。

纸条向左滑动一位。

（9×4）+（2×3）+ 2 = 44，4 是乘积的第二位数字，另一个 4 需进位。

纸条再向左滑动一位。

（9×6）+（2×4）+（4×3）+ 4 = 78，8 是乘积的第三位数字，7 需进位。

纸条再向左滑动一位。

（2×6）+（4×4）+ 7 = 35，5 是乘积的第四位数字，3 需进位。

纸条再向左滑动一位，这是最后一次滑动。

（4×6）+ 3 = 27，7 是乘积的第五位数字，2 是乘积的第六位数字。

最终结果是 275847。

经过充分的练习之后，纸条可以丢在一边了；乘数可以反序写在被乘数的上面或下面，所以除了要将答案逐位写在纸上外，相乘的过程可以由心算完成。一开始做起来确实困难，但可以先用纸条练习。

 ## 舍九相乘

舍九法用于检验乘法的准确度，吸引人的是源于数字 9 的某个特性。如果数字相加，其和除以 9，如果有余数，被称作舍九。不是将所有的数加在一起，舍九法如下例所述。

192846 使用舍九法计算，9 加 1 得 10，舍九数是 1，把它加在下一个运算中；2 加 8 加 1 得 11，舍九数是 2，把它放在下一个运算中；2 加 4 加 6 等于 12，舍九数是 3，或者说 1 加 2 等于 3。

如果两个数的乘法运算正确，则被乘数多于 9 的部分乘以乘数中多于 9 的部分，这个积等于最终乘积中的多于 9 的部分。

用舍九法验证 39821 × 8769 = 349190349。

第一个数即乘数多于 9 的数是 5，第二个数即乘数多于 9 的数是 3；3 乘以 5 得 15，在 15 中超过 9 的部分是 6。该乘法和最终乘积超 9 的部分也是 6，所以测试结果是这个计算正确。需要牢记的是舍九法仅仅是一个测试，并非绝对能验证。但如果超过 9 的部分不同，则计算结果一定错误。

乘法的奇怪之处

乘法表中的数字的确有奇怪之处，下面给出一些例子。

如果写出表中各个积，如乘3或乘4，如果把它们的个位相加，在第9位可以看一下，将会是40或45，乘5除外。对偶数次相乘，如乘4或乘6，乘积的个位之和是40；如果是奇数次相乘，如乘3或乘7，乘积的个位之和是45。举例如下：

乘3：3	乘4：4	乘6：6	乘7：7
6	8	12	14
9	12	18	21
12	16	24	28
15	20	30	35
18	24	36	42
21	28	42	49
24	32	48	56
27	36	54	63
——	——	——	——
45	40	40	45

左列数不用加，只把右列数相加。乘5的部分没有列出；把乘5的右列数相加后是25。如果现在取奇数与奇数相乘，如乘3或乘7的部分，右列数相加会得到25。以下是3，7或9分别与奇数相乘的例子：

乘3：3	乘7：7	乘9：9
9	21	27
15	35	45
21	49	63
27	63	81
——	——	——
25	25	25

如前，只有右列数相加，其和与乘5时所有9个右列数相加后的结果相同。

现在取任一列相加（这次取水平部分），把不同乘积的组成数字相加；按上例给出的乘3列，把3，6，9，3，6，9，3，6，9相加。下列相加数：4，8，3，7，2，6，10，5，9。再下列相加数：6，3，9，6，3，9，6，12，9。数字12看起来不协调，但这些数相加后给出缺少的数字3。

这些加法中有各种各样的规律可循，这像是在做一个"算术接龙"。

写出九个数字的竖列，以1开始，以9结束，接着在这列数字右边再写一列数字，不过是从9到1，而且要比左列数字高一个位置，如左列数字1右边对应的是右列数字的8。这样，9乘1到9乘9的积就可以看到了。

9
18
27
36
45

54	
63	
72	
81	

 ## 奇妙的乘法

通过简单的相加，乘 2 和除 2 就可以做任何数的乘法。

两数并排放置。其中一数除以 2，商放在此数下面并将商除以 2。不用管余数是多少。重复这一过程直到不能再继续或商是 1。将第二个数乘以 2，将积放在刚才的第一个商旁边，将所得积乘 2，得数放在第二个商旁边。重复这一过程，直到你有多个商。这些商并不是无限制，有一定值。积由偶数商取反得到，积的和将会给出两个原始数的积。

例如用 68 乘以 91。

哪个数被乘或哪个数被除无关紧要。在下面的计算过程中两个数以 a 和 b 来表示。

a	b	
6891	68	91
34182	136	45
17364	272	22
8728	544	11
41456	1088	5

21912	2176	2
15824	4352	1

得数与奇数商反向相加给出两个原始数的积。各自的运算如下所示。

364	68
5824	136
——	544
6188	1088
	4352
	——
	6188

 ## 乘法中的奇数

数字 9 到 2 组成一个数，乘以 9，积是 8 的组合。

数字 9 到 1 组成一个数，乘以 9，积是 8 的组合，但积的个数是 9。如果乘以 18，积的左手位是 1，接下来是 9 个 7，个数是 8。

如果乘以 27，积的左手位是 2，接下来是 9 个 6 和 1 个 7。如果继续乘以 9 的倍数，直到最后以 81 为乘数，则乘积的左手位是 8，右手位由多个 1 和 1 个 0 组成。

在上面的每个运算中，乘积的左手位和个位重复乘数，中间的数取 8 到 0 的值。如下所示：

$987654321 \times 9 = 8888888889$

同上 　　×18 = 17777777778

同上 　　×27 = 26666666667

　　 ……

　　 ……

同上 　　×81 = 80000000001

当然，乘数是 9 的倍数才能给出上面的结果，如果不是乘以 9 就会有不同的结果。

如 15873 乘 7 得到的结果是 6 个 1。

$15873 \times 7 = 111111$

现在用 15873 乘 9，得数是 142857，用 142857 乘 7 得到的结果是 6 个 9。

$15873 \times 9 = 142857，142857 \times 7 = 999999$

或 $15873 \times 63 = 999999$

下面是奇数系列乘积。像平时一样，9 是运算的主要组成部分。

$$9 \times 9 = 81 \qquad 及 81 + 7 = 88$$

$$9 \times 98 = 882 \qquad 及 882 + 6 = 888$$

$$9 \times 987 = 8883 \quad 及 8883 + 5 = 8888$$

表中的最后两行是：

$9 \times 9876543 = 88888887$ 及 $88888887 + 1 = 88888888$

$9 \times 98765432 = 88888888$ 及 $88888888 + 0 = 88888888$

在多数情况下，这些乘法运算的奇异之处可以由更进一步的运算得出其他的结果。如果我们用 153846 乘以 13，积是 1999998。如果我们用一半值 76923 和原数相加得到 230769，再乘 13 得到 2999997。再将之加至上一个和，我们得到 307692，再乘 13 我们得到 3999996。这个过程可以延伸至乘 8 的积，153846 乘 5，此结果由 769230

产生。153846 乘 5 的积是 769230，再乘以 13 可得到 9999990。现在这些乘积可放在列中；前 3 个数都可以在下例中找到。

$$153846 \times 13 = 1999998 \quad 5999994$$
$$230769 \times 13 = 2999997 \quad 6999993$$
$$307692 \times 13 = 3999996 \quad 7999992$$
$$384615 \times 13 = 4999995 \quad 8999991$$

左手位数字从 1 到 8；右手位数字从 8 到 1；左手位和右手位数字组成的数字分别是 9 和 2、3 等数字的乘积。

其他奇数乘法如下：

$$37037037037 \times 9 = 333333333333$$
$$13717421 \times 9 = 123456789$$
$$987654321 \times 9 = 8888888889$$

手指乘法

如果有两个数，都大于 5 并且小于 10，那么它们相乘的结果与一般的乘法相比更神奇。

假设我们用 8 和 9 相乘，请保持双手十指张开；使左手的某些手指弯曲，弯指的个数等于其中一个乘数和 10 的差值；右手重复以上动作，不过弯指的个数等于另一个乘数和 10 的差值。数一下没有弯曲的手指有多少，这个数待求乘积的十位数；左手弯指的数目乘以右手弯指数目就是待求乘积的个位。如上例，9 和 10 的差值是 1，左手弯曲 1 指；8 和 10 的差值是 2，右手弯曲 2 指。左手和右手未弯曲的手指还剩 7 个，7 就是待求乘积的十位数，左手弯

下 1 指，与右手弯指数 2 相乘得 2，得到待求乘积的个位
数 2。9 乘 8 的积是 72。

　　如果能用算盘做这些计算更能得心应手。

　　如果弯指个数大于 10，那么求积的十位数时，要减去
超过 10 的部分。

第五章

除法

除法因子

如果某个数被分成足够大的份数，就用到了长除法，如果除数可被分解成短除法，那么可以替代长除法。

在下面的例子中 30672 除以 432，后者可以被分解成：$12 \times 12 \times 3$，由 3 个短除法给出这个式子的得数为 71。

$$12 \,)\, 30672$$
$$12 \,)\, 2556$$
$$3 \,)\, 213$$
$$71$$

这个除法无余数。如果 34577 除以 18，就产生余数了。除数可以分解为 2，3 和 3。这里有 3 个余数；每一个余数乘以各自前面的因子及乘积之和，这是总余数，第一个余数不乘以任何数。因循规则，其前无除法。

从整个数作除法所得的余数，34577 由 2 取因子，得 1。下一个除法的余数是 34577 的一半除以 3，得 2。乘以第一个除数 2，与第一个余数 1 相加得 5。下一个余数由该数的六分之一除以 3 计算得出。余数乘以 3 再乘以 2，即乘以 6，与 5 相加，得数 17，即总余数。

或从底部开始，将最后一个余数乘以 3，并加至其上的下一余数；2 乘以 3 再加上 2，得 8，8 乘以 2 再加上第一个余数 1，总余数是 17。

$$2\,\big)\,34577$$

$$3\,\big)\,17288 \quad 1\cdots\cdots 1$$

$$3\,\big)\,5762 \quad 2\cdots\cdots 5$$

$$1920 \quad 2\cdots\cdots 17$$

 缩减长除法

在缩减特定长度的长除法的运算中，乘积可不写出，减法可用心算，只需写下余数。

用 27815 除以 31。

$$31\,\big)\,27815\,\big(\,897\tfrac{8}{31}$$
$$30$$
$$22$$
$$8$$

写出长除法。通过检查发现，商和第一位数字是 8，然后，可以说，8 乘 1 得 8 并且减去乘积（被除数）的第一个数字，我们写下 0，无进位。接下来 8 乘以 3 得 24，被 27 减掉后剩 3，把它写下来。用心记下被除数的 1，可以看到，301 相当于 31 的 9 倍。接着，9 乘 1 得 9，用被除数中的 1 减去 9，剩 2，写下来和 1 一同进位。再有 9 乘 3 得 27，加上进位 1 得 28，被 30 减掉后剩 2，即余数的最末一位数字。心中记住 5，225 相当于 31 的 7 倍。7 乘 31 得 217，225 减 217 得 8，留下了最后的余数 8，在商中以分数的形式写成了 $\dfrac{8}{31}$。

长除法的意大利式方法

在被称为长除法的意大利式方法中，首先要做的是把除数和商写在被除数的右手位。这样比将它们放在左手位要好一些。例子中体现了这一方法。这种方法的优势在于，除数和商的位置便于相乘以验证运算的正确性。这一运算基于上文中的短除法。27 是除数，42 是商。

| 1134' 27 |
| 5 |
| 00.42 |

 ## 舍九相除

用舍九法检验乘法的计算是否正确已在前文做了论述，同样也可以用于除法。将除数舍九数乘以商中舍九数，再与余数中舍九数相加，等于被除数中舍九数，那么这个除法运算是正确的。用 9763 除以 281，商是 34，余数是 209，除数 281 中舍九数是 2，商 34 的舍九数是 7，2 乘以 7 得 14，这个乘积的舍九数是 5，余数 209 的舍九数是 2，5 加 2 得 7，我们再来看一下被乘数的舍九数也是 7，两者相等。我们完全可以想象，当除法运算错误时，舍九数相同，这极不可能，除非除法的计算结果也是错的。

如果计算过程与相近的运算比较以验证乘法，我们通过实例可以看一下彼此之间的关系。

```
281）9763（34
    843
    ————
    1333
    1124
    ————
     209
```

除数中超出 9 的部分，对于 281 来说是 2；

商中超出 9 的部分，对 34 来说是 7；7 × 2 = 14；

超出 9 的部分 ····························· 5；

余数中超出 9 的部分，对 209 来说是 2，与上面的值相加在一起 ··········· 2；

被除数超出 9 的部分，对于 9763 来说是 ··········· 7。

通过舍九法的比较，可以验证除法的运算是正确的。

💡 有关除法的提醒

某个数用作除数，但除不尽有余数，余数一定小于该数。

拿 3 来说，如果另外一个数除以 3，有余数，那么它们只能是 1 和 2。对于 4，作为除数，可能出现的余数是 1，2 和 3。同样的规则可用于其他所有数。

当作小数的除法运算时，积可以是连续的或完整的小数。

如果除不尽，商是小数，结果往往很有意思。

以 2 做除数，可能的余数是 0.5。

以 3 做除数，有种可能的余数，均在小数点后连续，0.333……和 0.666……

以 4 做除数，余数是 0.25，0.5，和 0.75。

以 5 做除数，余数是 0.2，0.4，0.6 和 0.8。

以 6 做除数，余数是 0.5，重复 3 或 6 的连续小数。

以 8 做除数，余数总以 5 结尾，分别是 0.5，0.25，0.125，0.375，0.625 和 0.875。

下面讨论 7 和 9 作为余数。

以 7 作为除数，商以循环小数的形式出现，所有以 7 为除数的运算都是这样，只不过循环小数开始的那一样数字不同；每一组数的内容都是一样的，以下列出了以 7 作为除数的 6 组不同的余数：

0.142857……   0.571428……

0.285714……   0.714285……

0.428671……   0.857142……

第一个例子再除以 7 后的余数是 1，简化为同样重复的小数；这是它为什么重复的原因。除以 7 所得商是 0.20408＋，一个奇怪的后续数字。

除以 9 的余数是一个连续的小数，余数简单重复一个数字。

假如我们用 253 除以 9，商是 28 和一个余数 1。如果商化为小数，可以得到 28.111……

假设现在用 290 除以 9，商是 32，余数是 2；用小数表示为以 2 重复的数字，即 32.2222……

以上讨论了单位除数。读者可以随意尝试其他除数，定会得到有趣的结果。

数的可除性

某个数可以被 2 整除，那么这个数被称为偶数；这些数以偶数——2，4，6，8 或以 0 结尾。

某个数所有位的数字和能被 3 整除，那么这个数可以被 3 整除。对于 123，1 + 2 + 3 = 6，6 可以被 3 整除，所以 123 也可以被 3 整除。对于 252，2 + 5 + 2 = 9，9 可以被 3 整除，所以 252 也可以被 3 整除。上面的两个例子的结果分别是 41 和 84。

所有偶数，如果能被 3 整除，则能被 6 整除。252 是一个偶数，它能被 3 整除，那么也能被 6 整除，结果是 42。

某个数其最后两位数能被 4 整除，则这个数可以被 4 整除。如 9824 的最后两位是 24，可以被 4 整除，因此整个数都可以被 4 整除，试着做一下，其结果是 2456。

所有的数，以 5 结尾，那么整个数可以被 5 整除。

所有的数，以 0 结尾，那么整个数可以被 5 整除。

所有的数，以 25 结尾，那么整个数可以被 25 整除。

一个数的奇数位数字之和等于偶数位数字之和，则该数可以被 11 整除。

1538779 的偶数位数字之和是 20，等于奇数位数字之和；所以整个数可以被 11 整除。如果数的后三位数字可以被 8 整除，则整个数也可以被 8 整除。这是因为 1000

可以被 8 整除，所以不管一个数的后三位数字是什么数，最终都要加上一个或多个 1000，所以不影响被 8 整除。取 128 来说，可以被 8 整除；如果我们加 1000 给它，则有 1128，可以被 8 整除，商是 141。128 除以 8 得 16，1000 除以 8 得 125，则有 125 + 16 = 141。不管可以被 8 整除的三位数之前有多少个 1000，该数都可以被 8 整除。这一规则实用性强，与 4 的性质有异曲同工之妙。

792 可以被 8 整除，取一数置于其前，如 33，得出 33792。如果相除，我们发现 33 除以 8，商是 4，余数是 1，所以现在我们把原数增加 1000，则变成了 1792 去除以 8，无余数。

当奇数位数字和与偶数位数字和的差值可以被 11 整除，则整个数可以被 11 整除。

取数 54912，它的偶数位数字是 1 和 4，其和为 5；它的奇数位数字是 5，9 和 2，它们和是 16；5 和 16 的差值是 11；因此，整个数字可以被 11 整除；商是 4992。取数 27192，偶数位数字具有最大和，但也适用同样的规则，差值是 11，则该数也可以被 11 整除。

那么，22 ÷ 4 = 5.5；25 ÷ 4 = 6.25；27 ÷ 4 = 6.75

以上化简为普通分数形式为 $\frac{1}{4}$，$\frac{2}{4}$，$\frac{3}{4}$。可以得到一个类似的规则适用于以下除法：除以 3 后的余数将会是 $\frac{1}{3}$ 和 $\frac{2}{3}$；除以 5 后的余数将会是 $\frac{1}{5}$，$\frac{2}{5}$，$\frac{3}{5}$ 和 $\frac{4}{5}$。余数的分子在表示为普通分数形式时，将从 1 开始，直到小于除数的数结束，除数就是普通分数的分母。

上述一般描述也适用于单个数字做除数从而给出余数。

如果数的各位数字相加在一起，它们的和的各位数字之和也就是该数除以 9 之后的余数。

875 的各位数字之和是 20；20 和各位数字之和是 2；如果我们用 875 除以 9，余数是 2，也就是 20 的各位数字之和。

962176 的各位数字之和是 31；31 的各位数字之和是 4；如果我们用 962176 除以 9，商是 106908，余数是 4，也就是 31 和各位数字之和。

一个数除以 2，3，4，5 和 6 后总有余数 1，但该数可被 7 整除无余数。

具有此性质的最小数是 301。如果除以上面的 5 个数字，余数总是 1，除以 7 后无余数。

以 301 作为基数，后面类似的数有 420，721，1141 等。

如果数字 2519 除以任一单一数，除后会有一个小于除数的余数，如果除以 2，余数是 1；如果除以 3，余数是 2，除以其他数字也有此规律。它是具有此类特性的最小的数。

💡 除法特例

某个数除以 5 乘以 2，用小数点从最后一位数前切断。

28 除以 5，然后乘以 2 得到 56，把小数点放在最后一位之前，我们得到 5.6 或 5。或者取一个大数 714，除以 5 乘以 2 并且小数点放在最后一位之前，我们得到 142.8。

除以 25，并乘 4，用小数点从最后两位前切断。

用 1297 除以 25。1297 除以 25 乘以 4 后是 5188，小数点切断后我们得到商 51.88。

对于 5 的倍数而言，这个规则中的乘数不同，如除以 125 时，乘数是 8，而且要从最右边三位数前用小数点切断。

除以 11 或 11 的倍数时，按如下步骤：

取被除数的个位数字作为商的个位。从被除数的剩余数中减掉这一位数字，如果需要，则进位。运算结果给出了商的下一位数字。这个过程重复直到结束。

用 54608 除以 11，取 8 作为商的个位，从剩余的数字中减去 8，得到 2，作为商的第二个数字，需进位。进位后商的第二位得到 3，3 被余被除数中 4 减去，得到 1。商的第三位不再有任何运算，最后商的第三位数字由被除数的剩余数 6 减去，得到 5，商的第四位数字只剩下 5 了，5128 就是我们要找的数。

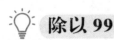

除以 99

要除以 99，先把被除数的最右边两位数字取出与剩余数相加得到一个新数，放在被除数下面。对小一些的数字再重复上面的做法，写在上面两数下方，直至剩下 99 或数字小于 99。每次都要去掉最右边的两位数，靠内心默记或者是划一竖线；在线左相加，这就是商，右手边线下的是余数。如果余数是 99，那么 1 要被加在商里面。

用 869432 除以 99。

最右边两位数是 32，它们被加至剩余数，即，8694 + 32 = 8726。这是要被加至原被除数的第一个数。为了得到第二个数，我们从 8726 中去掉最右边的两位数 26，并将它们加至左边剩余的数，可以得到：87 + 26 =

113；这是要被加至原被除数的第二个数。对 113 重复
上面的做法，最右边的两位数被去掉并与左边剩余数相
加，可以给出 1 + 13 = 14。剩下的数小于 99，所以没
有办法再重复上面的过程，我们写下得到的数，并画竖
线在下面：

$$
\begin{array}{r}
869432 \\
87\quad 26 \\
1\quad 13 \\
|\quad 14 \\
\hline
8782，余数 14
\end{array}
$$

这就是 869432 除以 99 的结果。

 在除法中数字 3 的特性

对于任何两位数，我们可以发现，它们的和或差，总
是有一个数或两者都能被 3 整除。19 和 17 看来最没希望，
但它们的和是 36，36 能被 3 整除。

任何数，其位数之和能被 3 整除，则这些数能被 3 整
除。得出这个结论的原因是如果我们把所有的单个数乘以
3，最终的结果还会代表这 9 个单位数。3 倍运算——3，
6，9，12，15，18，21，24，27——这些是 3 和 9 个单位
数的积，同样，这 9 个单位数显示在末位上。

对于数 74228115，其数字之和是 30，可以被 3 整除。

除以 3 后的商是 24742705，没有余数。7 和 9 虽然都在 9 个单位数中，运算之后的末位上也有呈现，但 7 并不像 9 那样被赋予这种特性。

如果一个数，不被 3 整除，先求得该数数字之和与相邻的，小的 3 的倍数值的差值，用原数减去此差值后的新数就可以被 3 整除了。如 3983，其数字之和是 23，相邻的小的 3 的倍数值是 21，23 – 21 = 2，所以 3983 – 2 = 3981，而 3981 ÷ 3 = 1327，且没有余数。

路易斯·卡罗尔的捷径

对除数是 9 或 9 的倍数的除法而言，路易斯·卡罗尔有捷径。

把要除的数写下来，把 0 放在个位的位置，并从 0 中减去被除数的个位。结果是商的个位，接着把这个数放在被除数的十位之上，并从十位减去被除数的十位数，然后放在十位上，作为商。然后把计算出的商的十位，写在被除数的百位数之上并从中减去被除数的百位数，作为商的百位，最后把商的百位放在被除数的千位之上做同样的运算直至算完为止。

36459 除以 9。

写出被除数 36459。将 0 放在个位上，把被除数放在下面并减去作为商，并且把它放在十位上，因为有 5 位数，此过程重复 5 次。接下来的几步在下面给出：

10	510	0510	40510
36459	36459	36459	36459
———	———	———	———
51	051	4051	4051（商）

通过检查最后一个步骤，可以看出用 10 的倍数去减被除数求商的运算很简单。

第六章

分数

普通分数

　　一个数只要是小于 1 就是分数。普通分数是除法的一种表示方法；除数决定了分数的级别，如二分级，三分级，十三分级或任何其他类别。除数定义为分母，被除数定义为分子。

　　分数的书写是把分子放在一个水平或稍斜的横杠上，而分母放在同一个横杠之下。

　　$\frac{1}{3}$，$\frac{12}{30}$ 都是分数；第一个属于三分级，由分母可以看出第二个分数属于十三分级。第一个分数告知我们其值是三分之一，第二个分数是三十分之十二。

分号的意义

　　数以分号作为标志，这很重要。它代表的是相除，正如真正的除号 ÷。$\frac{5}{13}$ 表示十三分之五，或者是 5 被 13 除；写成 5÷13 也正确。

　　分号经常被用于除法中，125÷25 可以写成 $\frac{125}{25}$，结果是 5，两种表示方法结果一样。

　　分号有时是斜的；这只是出于个人品位或便利性方面的考虑。

　　把分号写作除法计算的符号完全正确。$\frac{3}{16}$ 可以写成 16/3，分号代表的是分数运算。相除后的结果也可以表示成小数。

改变分数的值

增加分数的值有两种方法；一个是增加分子的值，另一个是减少分母的值。反之亦然，减少分子的值或增加分母的值会使分数的值变少。

$\frac{3}{7}$ 小于 $\frac{4}{7}$，也小于 $\frac{3}{6}$；但比 $\frac{3}{8}$ 或 $\frac{2}{7}$ 大，读者朋友可以观察一下分子和分母是如何增减的。

化减至公分母或同类分数

如果你想把加仑变成品脱，必须要把它们化简为相同的类，即加仑或品脱二者取一；其和是 $1\frac{1}{8}$ 加仑或 9 品脱。分数相加，首先要化简为公分母。

分数的加法和减法

$\frac{1}{2}$ 与 $\frac{1}{3}$ 相加时，必须是分式的分子和分母与另一个分数的分母相乘，然后才可以相加；也就是 $\frac{3}{6}$ 和 $\frac{2}{6}$ 相加，和是 $\frac{5}{6}$；分子相加是因为它们对彼此而言，各有多少，如果分子分别在乘以 2 和 3 后相加，结果当然是 5，分母相加是 6，结果表示六分之五。

对于分数减法来说，运算过程是相反的；取公分母后，分子相减，$\frac{1}{3}$ 被 $\frac{1}{2}$ 减掉后剩下 $\frac{1}{6}$。

在分数的加法中，不用说先要把分数化简为带公分母的分数；如上例中 $\frac{1}{2}$ 和 $\frac{1}{3}$。分数和整数相加通常这样做——二加上二分之一可表示为 2 和 $\frac{1}{2}$ 相加，其结果为 $\frac{5}{2}$ 或 5 的一半。

分数的乘法和除法

如果一个数与分数相乘，分数的分子是 1，我们可以同样地将该数除以分数的分母值。$2 \times \frac{1}{2}$ 或 $2 \div 2$，结果一样，即 $\frac{2}{2}$ 或 1。

所有的数都可以看作是一个分数，分数的分母可以做类的表示，整数归整数类，如果一个整数写作分数，那么其分子一定是 1。那么，任何整数可以作为分子写在分数符号之上，而 1 作为分母写于分数符号之下。如 125 可以表示成 $\frac{125}{1}$。但是我们不会这样做，正如整数被看成是小数时，小数点往往忽略一样。从正确性方面考虑，125 应该表示成 125.0，尽管常被略掉，除非强调要必须表示成小数形式。

同样，在表示整数时，分数符号和分母 1 也被省掉，没有人会在整数之后带着它们。

由于分数符号也表示除法运算，除数可以直接除以被除数，或者把被除数当作分数的分母，但这个分数的分子总是1，被除数可以与分数（除数）相乘。

除以一个数或者是乘以分数的不同之处在于，后者在相乘之前，需要把被除数转换为分母且分子是1的分数形式，两种方法运算结果相同。

如果25除以5，如果按普通的运算得到结果5，或者也可以表示成 $25 \times \dfrac{1}{5}$。

与分数相乘时，乘以其分子但除以其分母。

对于式 $25 \times \dfrac{1}{5}$，用25乘以1，然后除以5，得到 $\dfrac{25}{5}$，结果是5。

分数乘以整数时，其分子与整数相乘，$\dfrac{1}{5}$ 乘以已给数25，按此规则，确切地表示为 $\dfrac{25}{5}$。

拿一个分子大于1的分数来说，如 $\dfrac{2}{4}$，乘以与前例相同的分数，即 $\dfrac{1}{2}$，我们可以用分子除以分母积或2；这种除法可以另外一种方式进行；被乘数的分母，$\dfrac{2}{4}$，可以乘2；第一个运算给出的值是 $\dfrac{1}{4}$，另一个运算给出的是 $\dfrac{2}{8}$，这两个值相等。

与分子为1的分数相乘的一般规则是用乘数的分母去乘以被乘数的分母。

现在假设作为乘数的分数的分子大于1；很明显大了

好几倍，我们用乘数和被乘数的分子相乘。同样也要除以被乘数的分母。接下来我们要用乘数的分母去除被乘数的分母。结果一样，但用分子和分母一起乘更简单。因此，两分数相乘，分子相乘作为新的分子，分母相乘作为新的分母。

一个分数也可被一个整数相乘，以乘数除以其分母来实现。$\frac{1}{5}$ 乘以 25，按照这种方法，我们得到表达式，$\frac{1}{5 \div 25}$，与 $1 \div \frac{1}{5}$ 相同，结果都是 5。与其他方法相比，得到的结果是一样的。

如果一个数被乘，那意味着它将被整数乘数乘以若干倍，如果乘数是分数，如 $\frac{1}{2}$，意味着它是 1 的一半；如果一个数被乘以 $\frac{1}{2}$，也就是说是该数的一半，即 $10 \times \frac{1}{2} = 5$。

如果分数与分数相乘，此原则一样适用。$\frac{1}{2} \times \frac{1}{2}$ 意味着取 $\frac{1}{2}$，结果当然是 $\frac{1}{4}$。如果 $\frac{1}{2}$ 乘以 $\frac{3}{4}$，表示先要取 $\frac{1}{2}$ 的 3 倍，因为分子是 3，接着现取 $\frac{1}{4}$ 倍，因为分母是 4。$\frac{1}{2}$ 的 3 倍是 $\frac{3}{2}$，接着我们取 $\frac{3}{2}$ 的 $\frac{1}{4}$ 倍，即 $\frac{3}{8}$，它是 $\frac{3}{2}$ 的 $\frac{1}{4}$。

对于分数的分子和分数作乘法和除法运算，得到的结果相同，很明显，分子与分母的比值不变。

$\frac{1}{2}$，$\frac{2}{4}$，$\frac{3}{6}$ 具有相同的值，后两者由分子和分母分别被 2 和 3 相乘而得，分子与分母的比值是一样的。

如果我们用把分式的分母除以其本身 $\frac{1}{10}$ 的值，并且分子除以相同的值，那么分式的值不变，其分母将会是 10 的倍数。

用这种方法达到想要的结果，看似笨拙；适当考虑小数点，用分子除以分母更容易些。但是作为问题的解释，还是先要尝试第一种方法。

 ## 普通分数转换至小数

假如我们将分式的两个要素除以某个数，如对于 $\frac{1}{2}$ 来说，分子和分母都除以 2 的 $\frac{1}{10}$，即除以 0.2，分子 $1 \div 0.2 = 5$，分母 $2 \div 0.2 = 10$，那么一个新的分式 $\frac{5}{10}$ 产生了。因为分母是小数所以分式的值并没有变，写成小数就是 0.5。

用分子除以分母，可以从普通分式得到一个小数的值，这种方式更直接一些。

化简 $\frac{1}{2}$ 可以按下面的除式：$1 \div 2 = 0.5$，与上例所间接得到的结果相同。

每个小数有一个默认的分母，分母由 1 和若干个 0 组成，0 来自特征数字和小数点计数。

如果把小数的特征数字看作是所有的数字，那么它们可以放在分号之上，相应的分母放在分号之下，那么小数可以表示成分数。

那么，0.5 可以表示成 $\frac{5}{10}$，结果一样，0.05 可以表示成 $\frac{5}{100}$，以此类推。

这是把小数表示成分式的一种方法，常常用语言来表达，如 0.5 被称作十分之五，0.05 被称作百分之五。

另一种化简小数的方法在处理上与上一种方法不同。它给出等值的分式，但不是把 10 或 10 的倍数当作分子，同上一种方法的操作相反。把小数表示成普通分式，除以特征数字或分子分母都除以分子的特征数字。

0.5 可表示为 $\frac{5}{10}$，把分子和分母都除以 5 得到 $\frac{1}{2}$，这就是小数的值。

我们也可以将分子分母都除以任何公约数，也就是说这个公约数可被分子和分母都整除没有余数。拿 0.75 来说，可以写作 $\frac{75}{100}$，将分子和分母同除以公约数 25，得到普通分式 $\frac{3}{4}$，其值 0.75，或者分子和分母同除以公约数 5 得到 $\frac{15}{20}$，其值也是 0.75。

| 第七章 |

小数

小数点的位置引起的差错

在所有算术类的错误中，因小数点而产生的错误最多，小数点的位置错了会导致在乘法或除法中多除或少除了 10，而且错误还可能扩大到不可想象的程度，所以不应小看。在实际中，小数点的问题与个人的理解有关，我们每天都要用到百分号前的数字，如果不光是整数，也有小数，那么就容易混淆了。

百分之六，写作 6%；老实说，很多人不会细想 6% 代表的是一个小数 0.06 或一个普通分数 $\frac{6}{100}$。

任何用作计算的百分数都要全部以正确的小数表示，100 美元的百分之五，正确的计算是用 100 美元乘以 0.05，得数 5 美元。

 ## 小数的加法

整数加法的规则也适用于小数，第一个规则是个位对个位，十位对十位，等等，以此类推。对于小数点之后的各数字位来说，十分位对十分位，百分位对百分位，直到数字结束为止。

按照同样的规则你可以排列美元和美分。一美分可以写作 0.01 美元，是一美元的百分之一；十美分写作 0.1 美元，是一美元的十分之一；对于十分的铸币，我们从来没想过它是十美分，往往写作 0.10 美元，但不管怎样，后面的 0 都不影响计算。

现在要把五美元十五美分与四美元二十五美分相加。
相加时，美元与美元对齐，美分与美分对齐。

$$\begin{array}{r} \$5.15 \\ 4.25 \\ \hline \$9.40 \end{array}$$

假设 $5\frac{15}{100}$ 加仑的松节油与 $4\frac{25}{100}$ 的亚麻籽油混合，
无收缩，那么混合后共有多少加仑的油？计算时也要像上
例那样把各个数字写下来，除了美元的标志不用写。整
数位与整数位对齐，即 5 和 4 对齐；十分位要和十分位对
齐，1 和 2 对齐；百分位要和百分位对齐，即 5 和 5 对齐，
如果出现数位没对齐的错误，则计算结果一定是错的。

在写 10 美分和 50 美分时，往往用到 0，那么 0.1 美
元和 0.5 美元也可以写作 0.10 美元和 0.50 美元，前面例子
中出现的 9.40 美元也可以写作 9.4 美元。

在每一个小数的尾数后不用特意添加 0。

假设在一些复杂的计算中，上述金额中的小数点错位
了，如 9.4 美元错写成了 94 美元。在算术计算中这是常见
错误。

在以上的计算中，个位与个位对齐，十分位与十分位
对齐，对于整数和小数的加法计算来说，这样能避免错位
的发生。

如果位与位对齐了，没有人会把美元与美分相加。

小数的减法

同样的规则适用于小数的减法。用上例中的最终得数减去其中的某个值，要准确地写出来；用百分位去减百分位，用十分位去减十分位，结果或余数将会是 0.90 或 0.9。

在实际应用中，小数和整数的用法有一点差异；为了方便起见，在小数点后最末位数后可以添加 0，小数的值不会因此而改变，但是在整数之前添加 0，虽然也不改变整数的值，而且从逻辑上说可以这样做，但是实际当中不可能添加 0。

 ## 小数的乘法

做加法或减法时，在小数点方面所犯的错误大概是由粗心所致，在做乘法和除法时，也不是不可能不出现。

乘以一个小数或混合数，没有必要个位与个位对齐，十分位与十分位对齐，尽管为了有条理并且有良好的实用性，对齐还是有必要的。

积中的小数等于各相乘小数的和。如果在乘法中，一个最后的 0 出现在乘积中，它应该按小数计并要写出来，由此确定小数点的正确位置。

用 9.5 乘以 6.3，还有 7.5 乘以 5.2。

9.5	7.5
6.3	5.2
———	———
285	150
570	375
———	———
59.85	39.00

　　两者都按常规方法相乘，如按整数相乘那样；每个原始数都有一位小数，因此它们的积有两位小数。在第一个例子中，两数是有效数，有一个固定的小数位的值；在第二个例子中，有两个 0，它们可以被忽略而不影响整个值，但必须写出来以确定小数点的位置。

 ## 小数点的放置

　　一个小数可被定义为十，十的若干乘方或作为十的若干乘方的被除数。这就是所谓的小数。

　　数字 190，100 及类似的数是小数；分数 0.125，0.076 等类似的数是小数。

　　以下形式书写的小数完全正确：$\dfrac{125}{1000}$，$\dfrac{76}{1000}$；它们也可以作为普通分数，但严格说来是小数。

　　整数书写时往往忽略小数点，可以理解为在个位后面有一个被省掉的小数点及小数点后的许多个 0。

　　一个整数乘以 10，由于要考虑小数点，所以必须要在右边放置一个 0。所以 125×10 = 1250。如果我们已经在个位后加了小数点，即 125.，当然这绝对正确，然后乘以 10，我们需要把小数点擦去，把 0 直接放在 5 后面，如果还希望有小数点的存在，我们可以在后面再放一个小数点，即 1250.，尽管不需要这样做。

但在有些情况下，小数点常被忽略。

小数乘以 10，则小数点向右移一位；乘以 100，则小数点向右移两位。那么，0.125×10 = 1.25。此计算过程以普通分数形式表示为：$\frac{1}{8} \times 10 = \frac{10}{8}$ 或 $1\frac{1}{4}$。一般说来，任何小数的乘法都可以把小数点向右移位来实现。

💡 小数的除法

小数除以小数，需要用到逆运算；如除数中有一个 0，则为小数向左移一位。所以 0.125 除以 10 后，可以写成 0.0125；除以 100 后可以写成 0.00125。

在除以小数的运算中，同样的规则也适用。125 除以 10，则小数点向左移一位，125÷10 = 12.5；如果除以 100，则结果是 1.25。

一个数，可以分布于小数点左右，可以是一个混合数。如 12.5 和 1.25，整数部分在小数点左边，小数部分在小数点右边。也可以写作假分数的形式，$\frac{125}{10}$ 和 $\frac{125}{100}$，或者是混合数，$12\frac{5}{10}$ 和 $1\frac{25}{100}$，可以化简为 $12\frac{1}{2}$ 和 $1\frac{1}{4}$。

在除法中，除数不一定必须小于被除数。小数点能恰当地表述这一关系，如果除不尽，那么小数点的数可以有足够长。普通分数只表述要完成的除法，除数做分子，经常大于做被除数的分母。

分数 $\dfrac{1}{2}$ 只表示要做的除法，即 1 除以 2；分数 $\dfrac{1}{25}$ 表示 1 除以 25。

这些运算完成后，我们可以得到小数，所以小数点的位置必须要关注。1 除以 2 得 0.5 或 $\dfrac{1}{5}$；用 1 除 25 得 0.04 或 4%。

一个混合数可以按相同的方法来处理。拿 $12\dfrac{3}{5}$ 来说，3 除以 5 得 0.6；添加到整个得数后可以得到 12.6 或 $12\dfrac{6}{10}$。或者我们也可以把 $12\dfrac{3}{5}$ 写成假分数的形式，并把除法做出来；$12\dfrac{3}{5}=\dfrac{63}{5}=12.6$，用整个数相除但也要关注小数点。

在整数与小数点之间添加一个 0，或去掉一个 0，则整个数的值因此而改变。

任一数除以小数，最容易犯错误。

这个规则是商中的小数等于被除数除以除数的值，此时，如果除数在小数点后有多位数字，被除数要附加若干个 0，使分子除以分母后值不变。

用 1.25 除以 0.25，用常规除法表示，并完成运算。

$\dfrac{1.25}{0.25}=5$，因为可以除尽，所以商中无小数。

用 0.125 除以 0.25。则 $\dfrac{0.125}{0.25}=0.5$。在这里被除数比除

数多一个小数位，所以商中有一小数位。

用 125 除以 0.25。我们在被除数后加了两个 0，这与除数中包含了几个小数点相对应：$\dfrac{125.00}{0.25}$ =500。因为被除数与数中的小数位相等，所以商没有小数。

尽管添加 0 可以平均分配，但小数点要用心记，加 0 后，被除数与除数的小数位相等。

| 第八章 |

利息和抵消
以及百分数
的计算

利率的表达式

利率总是用整数或混合数字表示，如百分之五，百分之六，百分之六又二分之一——5%，6%，$6\frac{1}{2}$ %——视情况而定。

正确的方法是把它写成小数形式，注意有小数点，要进行相应的运算。所以 5% 和 6% 的正确写法是：0.05 和 0.06。

利息计算

计算 762.98 美元的利息，利率是 5%，需要将本金乘以 0.05。

762.98	7.6298	2 $\overline{)76.2980}$
0.05	5	38.1490
38.1490	38.1490	

上例中，两数分别以四种小数形式表示，所以有四种积。例 1 按常规乘法。例 2 中小数点向左移了两位，而乘数是按百分号前的数。两种运算在本质上是一样的。例 3 用的是另外一种方法，即小数点向左移一位后，再除以 2。

因本金的整数部分是以美元表示的，所以结果读作38.15 美元。

在利息计算中，小数点要始终记在心中，并能正确应用。在乘法计算时，如果以百分比的形式而非小数形式表示，那么例 1 的方法无疑是最佳的。

既然百分比表示百分之几，那么它也可以写成普通分数的形式；百分之六可以写成 $\frac{6}{100}$。利息计算也可以采取这种形式。

以 97.63 美元为本金，按 7% 计算，使用普通分数形式。

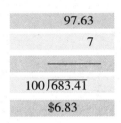

利息计算的捷径

如果按每年 360 天，每月 30 天来计算利息，则计算 6% 的利息的过程就很简单了。年利率为 6%，换算到月利率是 0.5%，换算到日利率是月利率的 $\frac{1}{30}$。以此为出发点，其他标准利率的计算非常简单。

如果一年按 365 天，那么利率的计算还是要用到常规方法。

假设我们的利息计算是基于利率 6%，那么其他结果可以很容易推导出。

对于 3%，将 6% 除 2。

对于 4%，将 6% 减掉 $\frac{1}{3}$。

对于 $4\frac{1}{2}$ %，减掉 $\frac{1}{4}$。

对于 5%，减掉 $\frac{1}{8}$。

对于 $2\frac{1}{2}$ %，将上一值除 2。

对于 7%，加上 $\frac{1}{6}$ 。

对于 $7\frac{1}{2}$ %，加上 $\frac{1}{4}$ 。

对于 8%，加上 $\frac{1}{3}$ 。

对于 9%，加上 $\frac{1}{2}$ 。

当然也有其他计算利息的捷径。上面的例子已经很充分了，计算没有什么难度。

对于 4%，将本金除 25，这不是捷径；但不管怎样，它是一种方法的变通。

对于 5%，将本金除 20。

对于 2%，将本金除 50。

计算本金 379.68 的利息，利率分别按 4% 和 4.5%，时间为 3 个月和 10 天，一年按 360 天。

在利率为 6% 时，月利率是 1% 的一半，即 1.89 美元；3 个月是 5.67 美元；10 天的利息是 1 月的 $\frac{1}{3}$ ，即在 6% 时是 0.63 美元，后两者之和是 6.30 美元。对于 4%，减掉 $\frac{1}{3}$ 值，或减 6.30 除 3，得到 4.2 美元；对于 4.5%，减掉 $\frac{1}{3}$ 值，得到 4.73 美元。答案分别是 4.2 美元和 4.73 美元。

 ## 利息期简化

1% 的一半，用小数表示为 0.005，是月利率（每年按 360 天，年利率按 6%。其他利率也可以按此方法简化）。年利率为 6% 时，1% 就是两个月的利率。例中的第一列给出了其他利息期的单月利率值；第二列给出的是两月利率值。

简化至单月利率值	简化至双月利率值
120 天 乘 4	120 天 乘 2
90 天 乘 3	90 天 乘 $1\frac{1}{2}$
45 天 乘 $1\frac{1}{2}$	45 天 乘 $\frac{3}{4}$
20 天 乘 $\frac{2}{3}$	20 天 除 3
15 天 除 2	15 天 除 6

一日利息

对于任一金额，计算一天的利息，可以通过将此金额除以一年天数得到。假设一年按 360 天，则用 360 天除以年利率的百分号前的值，再除以 100，得到一般因子，用本金除以一般因子可得出日利息。

计算本金 100 美元的日利息，年利率按 6%。用 6 除 100，得 0.06。用 360 除以 0.06，得 6000，也就是一般因子。用 100 除以 6000，得到 0.01666 或 $1\frac{2}{3}$ 美分，即为最终结果。

使用一般因子是为了省去一种运算，即与利率相乘。乘以 0.06 和用 360 去除 6000，道理是一样的。

　　上述求利息的方法适用于任意金额乘以日利率再乘以天数的计算。上例中如果求 10 天的利息，则可以很方便地得到 $16\frac{2}{3}$；如果计算 30 天的利息，则用 30 乘以日利息或乘以 $1\frac{2}{3}$，结果是 50 美分。

 利率因子

　　接下来介绍其他利率的一般因子，它们仅用于给定整数因子的计算。

　　所有的因子计算按一年 360 天。

　　使用表中的数乘以天数并且将与本金的积除以相应的一般因子值。

2.5%	14400	6%	6000	12%	3000
3%	12000	8%	4500	15%	2400
4%	9000	9%	4000	16%	2250
4.5%	8000	10%	3600	18%	2000
5%	7200			20%	1800

　　计算本金 1791.23 的利息，天数 39，年利率 4%。

　　本金乘以天数 1791.23 × 39 = 69857.97，除以 4% 时的一般因子 9000，则 69857.97 ÷ 9000 = 7.762 或 7.76 美元。

利息抵消计算

在利息计算时，抵消经常存在，尤其是按一年 365 天计算时。以下式中，线左边是一年中的天数；线右是本金、利率和计息天数。

计算利息，本金 1575.25 美元，年利率 4%，计息天数 27，分别按一年 365 天和一年 360 天计算。

365	1575.25		360	1575.25
73	315.04		72	315.05
	0.04			0.04
	27			27

73）340.2540（4.67   72）340.2540（4.73

按 365 天计算时，   按 360 天计算时，

利息是 4.67 美元   利息是 4.73 美元

利息以现金支付，当应付账款无抵消时，即放弃了快速支付而实现的抵消。通常是如果在 10 天之内支付，可以有 1% 或 2% 的抵消。但不管怎样，在 30 天以后支付，那对于额外的 20 天，1% 代表着年利率的 18%，2% 代表着年利率的 36%。如果是额外的 60 天，2% 代表着年利率的 14.4%。即便我们取一个最温和的案例，对于额外的 30 天，0.5% 代表着年利率的 9%。

💡 百分数计算

要计算某个数是另一个数的百分之几，需将第一个数除以第二个数，或用百分数表示。

99 是 108 的百分之几？按前例，99 ÷ 108 = 0.9166 或者将其表示为 91.66%。

99 的百分之几是 108？在此我们必须用另外除的方法。百分数由与基数相除得到，则 108 除以 99 得到 1.0909 或 109.09%。

假设一个数按一定百分比增加，问题是增长后的数值需要减掉百分之几，从而能得到原始数。结果会是一个不同的百分数。

如果 50 增加了 10%，则可以得到 55。因为 50 的 10% 是 5。如要再次回到 50，必须用 55 减 5。5 除以 55 得到 0.0909，即 9.09%。

一个城市有 100000 个居民，另一个城市的居民数多了 50%；第一个城市的居民比第二个城市的居民少百分之几？另一大城市的居民数是 150000；这是因为 100000 的 50% 是 50000，但 50000 是 150000 的 $33\frac{1}{3}$ %，即小城市的居民数比大城市居民数少 $33\frac{1}{3}$ %。

如果说上例的运算需要涉及小数点，要是能观察到百分号或百分数的字样，结果要除以 100，因为百分数中的数值表示基数的百分之几，适用于整数或混合数。

百分数的近似计算

使用百分比的修正或分数部分的近似结果，在实际操作中能方便应用，能很快得到结果。例子有很多，关键是要充分理解原理，然后推广到任何案例。

1 公里大约是 0.62 英里。把公里数换算为英里数，应乘以 0.62。这是两位数的乘法。乘以 0.6 并加上 $\frac{1}{30}$ 或 3% 更容易些。

23 公里换算为英里，有下列 3 种方法。

a. $23 \times 0.62 = 14.26$ 英里。

b.$23 \times 0.6 = 13.8$　$13.8 + 0.46 = 14.26$ 英里

c.$23 \times 0.6 = 13.8$　$13.8 + 0.42 = 14.22$ 英里

在例 b 中，加了 $\frac{1}{30}$；在例 c 中加了 3%；作为一般使用来说，两种方法一样好。

1 英里大约等于 1.6 公里。假设把 23 英里换算成公里。

我们可以用 23 乘 1.6。较容易的方法是 23 乘以 0.8 得到 18.4，然后再乘以 2，得到 36.8 公里。

另外也可以加上 0.6 英里对应的换算数；23 乘 0.6 得13.8，与 23 相加得到 36.8 公里，结果如前。

1 米大约等于 39 英寸或 $3\frac{1}{4}$ 英尺。把米换算成英尺，需要乘 3 加 $\frac{1}{12}$。

1100 米近似等于（1100×3）+（$3300 \times \frac{1}{12}$），结果是 3575 英尺。

也可以用百分数计算，即乘 3 加 8%。对于 1100 米，我们可以发现 3300 + 8% = 3564。结果不是太接近，百分数部分应该是 $8\frac{1}{3}$ %。

分数的方法也是优选项，同百分数方法一样容易。

1 公斤等于 2.2 磅。公斤换算成磅需乘 2 加 10%。所以 25 公斤等于 50 磅加 5 磅，即 55 磅。

可以相乘前加上 10%，25 + 10% = $27\frac{1}{2}$，且 $27\frac{1}{2}$ × 2 = 55，如果如前。

1 磅大约等于 0.454 公斤。磅换算成公斤需除 2 减 $\frac{1}{10}$。用第一种方法，25 磅可以换算为：25 ÷ 2 = 12.5，12.5 − 1.2 = 11.3 公斤（12.5 的 10% 取 1.2）。

英石作为重量单位，常用于男性称重，等于 14 磅。将英石换算为磅，需乘 7 再乘 2。因此如果一个男子重 13 英石，换算为磅，先乘 7，得 91，再乘 2，得到精确的重量是 182 磅。

上例中的换算并非像前例中那样只求近似值。

磅换算为英石需除 7 再除 2，或用其他方法。把 199 磅换算为英石：除 2 后得到 $99\frac{1}{2}$，再除以 7 得 $14\frac{2}{14}$，这是最终结果。

| 第九章 |

数的乘方

乘方和根

任何数，只要超过 3，它的平方是 2 位或更多位数字；任何数，只要超过 9，它的平方是 3 位或更多数字；当数字是 2 位或更多位时，没有规则像前面那样可以确定其平方后究竟有多少位数。

十进制和混合数字的乘方和根

小数的平方值相对于原小数，在小数点后至少有两位数字。所以平方值的小数位数应该是偶数。

0.2 的平方是 0.04，0.4 的平方是 0.16，0.11 的平方是 0.0121。

由上可知，我们要求单个小数的平方根，如 0.4 或 0.9，我们需要在其后添加 0，并按添加 0 后的数进入到求根的第一步。

那么求 0.4 的平方根时，可以求 0.40 或 0.4000，或 0.400000，等等，按求平方根的法则，每次添加两个 0，当然可以加到所需的位数。0.4 的平方根 0.632，0.9 的平方根 0.948，事实上它们以单个数字出现，是否添加 0 和求平方根之间没有什么关系。

类似的高次乘方用的法则也可以给出，但上文已经很充分地阐明了影响小数乘方的法则。

由以上这些例子可以看出，一个小数的乘方值总是小于这个小数的值，分数也具有这个规律，但对于负小数来说，恰恰相反。

 ## 数字及平方根之间的关系

任一数的任一乘方后的平方根等于该数平方根的相应次数的乘方。

拿 256 来说，是 4 的 4 次方；它的平方根是 16，16 等于 4 的平方根的 4 次方，因为 4 的平方根是 2，2 的 4 次方是 16。

在下面两个双列数中，数 4 和 9 用于说明这一规则。

从左边数第一列数是 4 的各次乘方，到 4 的 7 次方为止，第二列数是第一列数的平方根，第三列数是 9 的各次乘方，到 9 的 7 次方为止，第四列数是第三列数的平方根。可以看出第二列数也是 4 的不同次乘方值，第四列数也是 9 的不同次乘方值。

4	2	9	3
16	4	81	9
64	8	729	27
256	16	6561	81
1024	32	59049	243
4096	64	531441	729
16384	128	4782969	2187

在第一列数中，4 的立方是 64，64 的平方根是 8，可以看出它们的位置关系。同样，2 的立方是 8，而 4 又是 2

的平方。

让我们看一下第三列和第四列数，9 的 7 次方是 4782969，而 4782969 的平方根是 2187，而 2187 又是 9 的平方根，3 的 7 次方。其他数也有同样的规律，读者可以尝试一下。

 ## 数和平方的尾数

一个偶数的平方可用 1，4，5 或 9 中的一个数字做尾数，但这些数后面有偶数 0。那么 302500 是一个完全平方，平方根是 550。这可以告诉我们某数没有完全平方根，遗憾的是不能一直这样做。

如果一个数的平方以 4 为尾数，那么 4 的前面还会有一个 4。

如果尾数是单个数，那么一定是偶数或 0。如 98 的平方是 9604，62 的平方是 3844。

如果一个平方以奇数为尾数，那么这个奇数前一定是个偶数，如 5，7 和 9 的平方分别是 25，49 和 81。

如果一个平方以超过 4 的偶数为尾数，那么一定是单个的偶数。如 16 的平方是 256。

如果平方以 5 为尾数，那么 5 之前会是 2；换言之，这个平方数是以 25 为尾数。如 15 的平方是 225。

一个平方可能以 2 个 0 或 2 个 4 为尾数；另外不能以其他双数为尾数。12 的平方就是以 2 个 4 为尾数，即 144。一个以单个 0 为尾数的数的平方的尾数是 2 个 0。

没有什么数的平方以单个 0 或奇数个 0 为尾数；往往

以偶数个 0 为尾数。

一个平方可能以 3 个 4 为尾数；但不能以 4 以外的 3 个相同数为尾数。如 462 的平方是 213444。

一个以 0 为尾数的数的平方数，其尾数中 0 的个数双倍于原数尾数 0 的个数。90 的平方是 8100；700 的平方是 490000。

一个奇怪的分数

分数 $\frac{41}{12}$，如果平方，得到 $\frac{1681}{144}$。后者有神奇的特性，加 5 或减 5 后，所得的和或差将是一个完全平方数。

以 144 为分母，那么 5 可以用 $\frac{720}{144}$ 表示，可将此值与其他式相加减。如果加上这个分式，可以得到 $\frac{2401}{144}$，其平方根是 $\frac{49}{12}$，如果减去这个分式，可以得到 $\frac{961}{144}$，它的平方根是 $\frac{31}{12}$。

循环数

数字 5 和 6 被称为循环数，因为它们的平方、立方和所有的乘方均以 5 或 6 结尾。即所有 5 的乘方以 5 结尾，所有 6 的乘方以 6 结尾。

平方的性质

　　每个数的平方，减去 1 后，被 3 或 4 整除。像 61，49，先减去 1，然后可以被 3 或 4 整除；64，144 和其他的数字不用减去 1 也可以被 3 或 4 整除。再有，每个数的平方加 1 后可以被 5 整除，但这些数减 1 后不被 5 整除。可以拿上面的数和其他的数试一下。

　　一些平方是奇数，像 81，49 等。如果我们将奇数减 1，余数可被 8 整除。729 是一个奇数平方，是 27 的平方值；减 1 后可得 728，而 728 = 91 × 8。

| a. 自然数　1，2，3，4，5…… |
| b. 它们的平方　1，4，9，16，25…… |
| c. 数列　1，3，5，7，9，11…… |
| d. b,c 之和　1，4，9，16，25…… |

　　可以看出，d 和 b 是相等的。

 ## 2 的平方的性质

　　数字 2 的平方等于它的 2 倍值，2 是唯一具备此性质的整数，用式子表示为 2 × 2 = 2 × 2，取其中的一个乘法以平方的形式表示，这样就有了对比。

费马大定理

　　著名的费马大定理或者可以这样表述：取三个整数的相同次乘方，且乘方次数大于 2，任何两数的乘方值相加等于第三个数的乘方，这样的三个数不存在。我们知道并已观察到只有两数的同次平方相加等于第三数的平方；但如果乘方次数大于 2，找不到有类似关系的三个数。

 立方的性质

　　下面四个连续数的立方和类似于平方和公式，$3^2 + 4^2 = 5^2$。数字 3、4、5 和 6 的立方和可以表示为：

　　$3^3 + 4^3 + 5^3 = 6^3$

　　立方体的体积，等于它一个边长的立方。要用简单的算术方法解决倍立方的经典问题，当然不能考虑初始问题，我们必须计算第二个立方体的边长，因此它的立方等于小立方体边长立方的两倍。

 不同乘方的排序

　　有这样三行数，第一行是 1，2，3，4……的平方；第二行数是第一行中后数与前数的差值，总的数字个数比第一行少 1，位置如下；第三行数又是第二行数的后数与前数的差值，同理，第三行数字总数又比第二行数字总数少

1，而且全部都是 2，位置如下：

平方：	1	4	9	16	25	36	49	64
第一序：	3	5	7	9	11	13	15	
第二序：	2	2	2	2	2	2	2	

在第二序中，相邻数的差值是恒定值 2，不管相邻的数字的值有多大。2 是相差为 1 的连续数字平方后的差值，即乘方值 1 乘以 2 得到的值，那么相差为 1 的连续数字立方后的差值是多少？下面按照上述方法给出四行数，与上例不同的是，第一行是连续数的立方值，第四行是第三行相邻数的差值。

立方：	1	8	27	64	125	216
第一序：	7	19	37	61	91	
第二序：	12	18	24	30		
第三序：	6	6	6			

第三序的差值 6 是 1，2 和 3 的乘积，即 1 次方、2 次方和 3 次方的乘积。第四序求差值的运算和前面一样。如果连续数的乘方值是 4，那么最后一列的差值是 1、2、3 和 4 相乘，即 24；对于 5 次乘方来说，最后一列的差值是 1、2、3、4 和 5 的乘积，即 120。

乘方的展开

以 1 开始的奇数的和给出一系列平方数。这些数的加法也给出了，可以根据需要做足够的运算。这个相加必须以 1 开始，不能忽略任何奇数。

$$1 + 3 = 4$$
$$1 + 3 + 5 = 9$$
$$1 + 3 + 5 + 7 = 16$$
$$1 + 3 + 5 + 7 + 9 = 25$$
$$1 + 3 + 6 + 7 + 9 + 11 = 36$$
$$1 + 3 + 5 + 7 + 9 + 11 + 13 = 49$$
$$1 + 3 + 5 + 7 + 9 + 11 + 13 + 15 = 64$$
$$1 + 3 + 5 + 7 + 9 + 11 + 13 + 15 + 17 = 81$$

所有的和都是完全平方。同样的过程可以继续下去。这些相加数的个数就是平方根。那么 7 个数相加得到一个数，它的平方根是 7，其他平方根也可以据此得到。

以 3 为起点，如果相加后，前两个奇数即 3 和 5，我们可以得到数字位的立方；它们是两个数，8 是 2 的立方。现在取下面的 3 个数，可以给出 3 的立方值，即 27，7 + 9 + 11 = 27。取再下面的 4 个数，可以给出 4 的立方值，即 64，13 + 15 + 17 + 19 = 64

上述奇数和连续数的立方关系，可以延伸下去。

下面是另一个神奇的级数。如果自然数的立方以正常顺序写出来，连续数立方的加法将形成一系列数的平方，这些数是 3，6，10，15……

自然数	1，2，3，4，5……
立方值	1，8，27，64，125……
所有平方相加	9，36，100，225……
加后数的根	3，6，10，15……

　　拿第二行的数和后续的相加来说，我们可以发现 1 和 8 相加得 9；1，8 和 27 相加得 36，第三行数的平方根位于第四行，也就是文中提到的数。

 ## 两数平方的关系

　　取任一奇数，分成两个数，两数个位不同。这两个数是另外两个数的平方根。取 13，可以分成 6 和 7，两数的平方分别是 36 和 49，两平方数的差是 13，即原始数 13。这一规则也适用于其他奇数；5 可以分成 2 和 3，两数平方 4 和 9 的差是 5。

　　其他的更多特性也可以找到。任一偶数，从 12 开始，后数比前数多 4，12，16，20，24 等，以此类推——总之可以被 2 整除。所以这个数的一半，可以被分成不同的两个部分。这些数的平方数之差就是原始数。以 16 来说，除以 2 得 8，8 又可以分解为 5 和 3，两数平方后得 25 和 9，二者之差是 16，即原始数。

　　不能被 4 整除的数不具备上述性质，因为除以 2 后得到奇数，不能得到两个可以整除的数。

有一个著名问题：寻找一个数，如果相继加上 12 和 25，得数是平方数。很明显，两平方数之差是 25 – 12 = 13。这样分成两个数，和我们已找到的数的平方不同。把 13 分成 6 和 7，二者的平方分别是 36 和 49，要求的值是 36 – 12 或 49 – 25，相减后得到 24，即最终答案。

这一计算过程也适用于其他差数。取差数为 5 的倍数和数列。为什么平方差值是 35？除以 5 得 7；分成相差为 7 的两部分，即 1 和 6；平方后得 1 和 36，两平方差是 35。

把 35 简单地作为一个奇数可以给出另一个答案。将它分成差值为 1 的两部分，即 17 和 18；二者的平方分别是 289 和 324，两平方也相差 35。

一般的规则是当你选择要分成的两个数，取小一些的差值来分解。那么我们把 35 从差值 5 分解得到答案，由差值 7 分解后得到另外一个除数，但这样得不到答案，所以偶数由偶数分解，奇数由奇数分解。

 立方级数

按正常数序求立方，并形成立方级数，且每相邻数相加，写下每次所得数，结果将是完全平方数。

立方：	1	8	27	64	125	216
加法：	1	9	36	100	225	441
平方根：	1	3	6	10	15	21

这组数的平方根组成了一个真正的级数，差 1 相加，

相同的平方根是上一行立方根的和，这些立方根是：

1　2　3　4　5　6

并且它们的和的平方根组成了一行数，则 1 加 2 得 3，3 是 9 的平方根，且 1 加 2 加 3 得 6，等等，按此规律排列。

两个平方的奇妙性质

在此讨论平方的另一个奇怪特性。取任两数，分别大于和小于 25，且与 25 的差值相等，如 14 和 36，可以看出差值都是 11。然后两数平方之差是 1100，且两者的平方均以相同的数结尾。以下给出计算：

（36）= 1296	（44）= 1936	（29）= 841
（14）= 196	（6）= 36	（21）= 441
————	————	————
1100	1900	400

第一组的两个数与 25 的差值都是 11，14 加 11 得 25，36 减 11 是 25；第二组的两个数和 25 的差值是 19；第三组数与 25 的差值是 4。读者可以尝试以 50 和 75 为基数，来观察数字的关系。

两个平方和

如果 4 和一个数的乘积加 1 后产生一个素数，这个素数的平方又是两个平方的和。

如 4 和 3 的乘积是 12，加 1 后得 13，是一个素数。13 等于 9 加 4，9 和 4 又分别是 3 和 2 的平方。接着计算 13 的平方：

$13^2 = 169 = 12^2 + 5^2$，也是两个平方数的和。我们用 4 乘以 10 再加 1 得到素数 41，它是 5^2 和 4^2 的和，而 41 的平方是 1681，是 40^2 和 9^2 的和；我们再求 41 的立方，得 68921，它是 236^2 和 115^2 的和。

如果两数平方的和仍是一个平方数，则两数的乘积可被 6 整除。

数字 3 和 4 的平方分别是 9 和 16；二者之和是 25，而 25 又是 5 的平方；则两个原始数的乘积可以被 6 整除，即 $3 \times 4 = 12$，除以 6 得 2 无余数。

要寻找这样的两个数，因其平方和也是一个平方数，所以取任两个数相乘，乘积乘以 2 得到一个数字，两数平方之差是另外一个要求的数字。

取 4 和 7 作为原始数。它们的乘积是 28，乘 2 后得 56；这是求的第一个数。二者平方差是 $49 - 16 = 33$，是要求的第二个数。56 的平方是 3136；33 的平方是 1089；两数之和是 4225，是一个完全平方，平方根是 65。

 ## 斜边的平方

有一个很有名的直角三角形，长期以来，人们借助它省去相关的平方运算，建筑物打地基，围三角形的栅栏等类似的工作都要运用到它。这个三角形的三个边长的比值是 3：4：5。拿围三角形栅栏来说，我们以 10 英尺为单位。接着我们量出一个边，它的长度是 30 英尺，以这条线的末端为圆心，以 40 英尺为半径画一个圆弧。再以这个圆弧的外端点为圆心，以 50 英尺为半径画一个圆弧，两圆弧相交，自交点处与 30 英尺线起点连线，可以形成一个直角三角形。一个平方可以由 3 个板条按同一原理来表示。三个板条的长度分别是 3 英尺，4 英尺和 5 英尺。在每个板条的末端打孔，保证两孔之间的距离分别等于 3 英尺，4 英尺和 5 英尺。如果这些尺寸精确，用铁钉连接在一起后，将得到上文所述的平方关系。

下面的简洁表述，提到的是一个能获得任一直角三角形边长的规则。取任两个数，计算两数乘积的两倍，用来确定三角形的一条边长；另一个边是两数平方的差值；斜边是两数平方之和。

假设我们取 2 和 7。$2 \times 7 \times 2 = 28$，这是一个边长。两数平方之差 $49 - 4 = 45$。这是另一个边长。斜边长是 $4 + 49 = 53$。

也可以试一下其他种类的直角三角形边长的计算。很明显，所取的两个数不能相同。如两数取 3 和 7，那么计算的结果会是直角边近乎相乘的三角形。两数取 4 和 7，那么计算后的短边长几乎等于斜边长的一半。

下面的混合数系列大概不需要再做解释了。它们是 $1\frac{1}{3}$，$2\frac{2}{5}$，$3\frac{3}{7}$，$4\frac{4}{9}$，等等。整数部分和分子部分是间隔为 1 的连续数，分母部分是间隔为 2 的连续数。现在如果它们转换成假分数的形式，则有 $\frac{4}{3}$，$\frac{12}{5}$，$\frac{24}{7}$，$\frac{40}{9}$。这些假分数给出了完全直角三角形的边，即直角三角形的边长可以整数给出。

取 $\frac{24}{7}$，给出一个边长，7，另一个边长 40，斜边是 7 和 40 平方和的平方根。平方和是 1681，它的平方根是 41，也就是要求的斜边长。

如果我们取这个系列数中的其他数的分子和分母的平方和做同样的运算，那么会得到一个完全平方。

 ## 等腰直角三角形的值

连续数的平方和得到一个完全平方值，以下给出实例。如 3 和 4，20 和 21，119 和 120。直到 803760 和 803761 为止，共有 6 组。这些数字给出了等腰直角三角形各边长的最接近值，因为没有直角三角形的三个边都相等。

 ## 高次乘方的捷径

如果乘方的指数可以做因式分解，乘方的值可以先由其中的一个因子的乘方开始求值，接着是第二个因子的乘方，直到因式结束为止。

如求 2 的 9 次方。9 可以做因式分解，即 $9 = 3 \times 3$。所以我们先求 2 的立方值，得 8，再求 8 的立方值（也就是 9 的另一个因子），得 512；这就是 2 的 9 次方值，与 $2^{3 \times 3}$ 相同。

求 7 的 12 次方。将指数做因式分解后，开方运算会变得很容易，12 可以写成 $2 \times 2 \times 3$；先求 7 的平方，得

49；再求 49 的平方，得到 2401；再求 2401 的立方，得到了想要的值 13841287201。与一直将 7 乘 11 次相比，这个方法更好一些。

 ## 高次乘方的开方

这一原理更重要的应用是求方根值。如果一个待求方根，其指数值是可以做因式分解的，所有要做的是成功地求出方根。

如果一个数的 6 次方根可由一次长运算求出，包含了验证。但如果平方根先求出来，并且这个平方根的立方根可以求出，则 6 次方根就求出来了。可见求 6 次方根的过程也不枯燥。

当指数是素数时，这个方法不适用。

 ## 平方的计算捷径

以下平方的计算方法可以用于 100 以下的数，在它之上仍然可由一个好的计算器完成，但推荐还是在正常范围内计算。证明基于代数原理，两数和或差的积等于它们的平方之差。那么 29 + 1 乘以 29 − 1 得到 $(29)^2 - 1$。如果因此我们用 30 乘 28，即 29 + 1 乘以 29 + 1，对乘积 1 来说，结果是 29 的平方。显然用 28 乘以 30 比单独计算 29 的平方更容易一些。

求一个数的平方，按以下步骤：

加上或减去一个数后，得到一个最接近的 10 的倍数，如 10，20 等。用单个数的乘法是很容易的。从原数中减去相同的数，乘以刚才的新数，再加上所加或所减数的平方。就得到了最终答案。

求 79 的平方。

加 1 和减 1；得到 78 和 80；78×80 = 6240，加上增量的平方，即 1，所以 79 的平方是 6241。

求 67 的平方。

在这里我们加 3 和减 3 得到想要的数字，64 和 70。用 64 乘以 70 得 4480，再加上增量 3 的平方 9；4480 + 9 = 4489，即 67 的平方。

计算过程的关键在于加上或减去一个数，得到一个 10 的倍数。

以下的例子中，为了得到想要的 10 的倍数值，使用了减法。

求 54 的平方。

减 4 和加 4 后得到了两个乘数，50 和 58。可以看到这次 50 是由减法得到的。因此 50×58 = 2900，加上增量的平方 16，我们得到了 54 的平方，即 2916。

减法是为了得到两个参与运算的数字，小的增量是为了得到 10 的倍数值。选择采用加法还是减法视情况而定。

大数平方的计算捷径

两个数之和的平方由代数方法予以证明，即和的平方等于一个数的平方加另一个数的平方再加上两数乘积的 2

倍。这一法则由以下例说明：

$$(93)^2 = (90+3)^2 = (90)^2 + 3^2 + 2(90 \times 3)$$
$$= 8100 + 9 + 540 = 8649$$

$$(24)^2 = (20+4)^2 = (20)^2 + 4^2 + 2(20 \times 4)$$
$$= 400 + 16 + 160 = 576$$

稍加练习后，这种方法做起来更容易，其优势在于可以计算数的平方或作为验证结果的一种方法。

当适用于混合数时，如 $5\frac{1}{2}$，$6\frac{1}{4}$ 以及类似的数字，一个总的规则可以表述为：分数部分双倍与整数相加，乘以整数部分；与分数部分平方相加。

按以上规则计算 $9\frac{1}{3}$ 的平方：整数部分 9 与分数部分的两倍相加得 $9\frac{2}{3}$；乘以 9，得到 $9 \times 9\frac{2}{3} = 87$；再加上分数部分的平方，$(\frac{1}{3})^2 = \frac{1}{9}$，我们可以得到 $(9\frac{1}{3})^2 = 87\frac{1}{9}$。

这个乘方做起来特别容易是因为 9 可以被 3 整除。如果用这种方法计算 $8\frac{1}{3}$ 的平方就不那么容易了。尽管做起来并不困难，$8 \times 8\frac{2}{3} = 69\frac{1}{3}$，加上分数部分的平方，即 $\frac{1}{9}$，有 $69\frac{1}{3} + \frac{1}{9} = 69\frac{4}{9}$，即所求的结果。

可整除的部分常常在此应用。625 的平方：先将 625 按为 6.25，6.25 可以按成 $6\frac{1}{4}$。这个方法适当考虑小数点；第一，我们得到 $6 \times 6\frac{1}{2} = 39$；再加上 $\frac{1}{4}$ 的平方，

$\frac{1}{16} = 0.0625$，最终的结果是 390625，消去小数点得到想要的结果。

数字平方的各种方法

如果某个数可以被 2，3 和 5 整除，它的平方可以通过除以上述几个数字中的一个以简化，将商平方乘以除数 2 或 3 的平方。

将 33 平方。33 ÷ 3=11，11 平方后得 121，然后乘以 3 的平方 9；$121 \times 9 = 1089$。

求 36 的平方。36 ÷ 3 = 12；12 平方后得 144，再乘以 9 得 1296。

现在取一个以 5 结尾的数，如 45，除以 5 得 9，$9^2 = 81$，然后 $81 \times 25 = 2025$。也可以 81 乘以 100 再除以 4。

如果一个数的平方已知，那么求这个数加 1 后所得值的平方，需要加上这个数，再加上比这个数大的数，就可以求出。

接下来确定 13 的平方值；12 的平方是 144，先加上 12，再加上 13，得到 144 + 12 + 13 = 169，这是比 12 大 1 的 13 的平方。

两数的乘积加上两数之差一半的平方，等于中间数的平方。

24 和 25 的积是 600；它们的差是 1，1 的一半是 $\frac{1}{2}$，$\frac{1}{2}$

的平方是 $\frac{1}{4}$，中间数的平方是 $600\frac{1}{4}$，则中间数是 $24\frac{1}{2}$。

再者，20 和 80 的乘积是 1600；两者之差的一半是 30；它的平方与 1600 相加，1600 + 900 = 2500，也就是中间数 50 的平方。

求以结尾数的平方或有同样适用此方法的情况，如以 5 结尾，过程如下：

在第一种情况下，用大于 1 的整数乘以整数部分；积加 $\frac{1}{4}$，结果是原混合数的平方。

那么 $8\frac{1}{2}$ 的平方是（8×9）$+ \frac{1}{4} = 72\frac{1}{4}$。

如果一个数以 5 结尾，那么 5 代表第一例中的 $\frac{1}{2}$；那么 65 的平方是（60×70）$+ 25 = 4225$。

这个规则很方便。

求 25 到 75 之间在任一数的平方，先减去 25，再把余数乘以 100 并且加上这个数与 50 的差值的平方。

求 46 的平方过程如下：

$46 - 25 = 21$，并且 $21 \times 100 = 2100$	
$50 - 46 = 4$，并且 $4^2 = 16$	
	———————
$46^2 = 2116$	

求由多个 9 组成的数的平方，过程如下：

写下 1 作为右手位数字；在左边写 0，0 的个数是原数中 9 的个数减 1；再写 8，最后写 9，9 的个数是原数中 9 的个数减 1。通过应用这个规则我们能立即写出这类数的平方；9999 的平方是 99980001；99999 的平方是

9999800001。

 求平方数的麦吉弗特方法

　　以下求 40 到 60 之间平方数的方法由伦斯勒理工学院的詹姆斯·麦吉弗特教授提出。

　　某个数字与 50 的差值称为补数。如果该数字超过 50，则该补数与 25 相加，并将该补数的平方附于后，并不加到结果中。假设求 57 的平方。50 和 57 的差值是 7，这是补数。实施我们的规则：25 + 7 = 32；添加补数的平方 49 到 32 后面，我们得到了 57 的平方值 3249。

　　如果数字小于 50，补数被 25 减掉，并按上例把补数的平方附于后，那么 44 的补数是 6，25 − 6 = 19；补数的平方是 36；添加补数的平方 36 到 19 后面，我们得到了 44 的平方值 1936。

　　除一种变化（加法或减法）之外，过程是一样的，并且基于数的和差平方的规则，也就是用到了代数中的二项式平方。这个规则可用于任何数，但更适用于规定范围内的数，因为其中的一个数总是 50，它的平方是 2500，并且第二个数被称作补数，并且是一个单项式，小于 10，其平方显示在乘法表中，也就是说它的平方人人尽知。

　　如果一个数等于另一数平方的两倍，则这个数是原数的四倍。用 21 到 29 之间的任一数乘以 2，我们先应用上述规则，然后除以 4 得出原数的平方。拿 27 来说，27 的两倍是 54。25 加 4 并添加 16 后得 2916，这个数除以 4 得 729，也就是 27 的平方。

从 82 到 98 中任取一偶数并除以 2，应用上述规则后，我们会得到原数平方的 $\frac{1}{4}$。

这一过程可扩展应用于所有 100 以下的数，如果计算者只能领会从 13 到 24 中的数的平方，双倍的方法可以用来对 25 以下数的运算做一补充，如此可以拓展到 60 以内数的应用。

对于 100 到 110 内的数的平方，加上数的补数并将平方附于补数后。当然如果你领会了用推荐的求平方的方法，这一规则将适用于任何一个超过 100 的数。

求 109 的平方。补数是 9，将它与 109 相加得 118；把补数 9 的平方也就是 81 附在 118 后面，我们可以得到 11881，即 109 的平方，经验证是正确的。如果补数的平方只有一位，那么需要在它前面加 0，然后在 3 的平方前加 0，可以得到 103 的平方，10609。

90 到 100 之间的数同样适用这个规则，除非你从数中减掉补数。如求 95 的平方，减掉补数后得 5，并且将补数的平方 25 附在后面，得到 9025，即 95 的平方值。

对于超过 250 的数，加上补数后，添加一个 0，并除以 4，再附加补数的平方，$\frac{(259+9)\times10}{4}$ =670，附加 81 后得到 67081。乘以 10 和在后面附加一个 0 一样。

对于 250 以下的数，过程如前，但需要减去补数。

如果补数的平方包含三个数，可能确定的是只有两个位置。拿 61 来说，它的补数是 11。按第一个规则我们把它与 25 相加得 36；补数的平方是 121，把 1 附在 36 的 6 下面得到：

36

121

————

3721

3721 就是 61 的平方。

可以看出麦吉弗特教授的方法适用于所有数，实用性和趣味性兼具。

 ## 求高次方根的尼克森方法

　　如下求立方及其他高次方根的计算方法比常规方法更容易，也很有趣，按相同的原理，任何根的值都可以得出；例子所呈现的是尼克森教授在书中所做的 11 次方根的求解方法。以下详述。

　　像平常那样把一个数分为三份，通过观察，如果需要，在第一次除法时就可取得近似的根值。尽管这个根大大或太小，但它是最接近的。

　　将这个近似的根乘方，乘方的次数等于指数的一半；如果指数是奇数，则乘方的次数取"大于一半"的指数值。对于立方根，指数是 3，则"大于一半"的指数值是 2；对于五次方根，值取 3。

　　用原数除以上文中的近似的根平方；商就是所求立方根的近似值。将商乘以 2，与刚才的近似立方根相加，然后除以 3；得到的平均值更接近于真实根。

　　用新近似根重复上述运算多次，直到求出足够接近的值。与普通计算相比，两个运算已足够接近真实值了。

这个规则看似很长，但运算却很短。

求 250 的立方根，过程如下：经过心算得知 6 是与 250 的立方根最接近的整数；按第三段所述的规则，250 除以 6 的平方值，即：

$$6^2 = 36;$$

$$36\overline{)250} = 6.94$$
$$216$$
$$\overline{}$$
$$340$$
$$324$$
$$\overline{}$$
$$160$$

商 6.94，是所求根的近似值；与第一个根的近似值 6 的 2 倍相加，3 个数的平均值平方后作为新的除数，因为和其他任一数相比，它离根的真实值更接近一些。

$$6 \times 2 = 12$$
$$6.94$$
$$\overline{}$$

18.94 平均值是 6.31，并且 $6.31^2 = 39.82$，即下一个除数。

$$39.82\overline{)250.000} = 6.2782 \qquad 6.31 \times 2 = 12.62$$
$$23892 \qquad\qquad\qquad 6.278$$
$$\overline{}$$
&c. \qquad\qquad\qquad 18.898 平均值是 6.299

并且 6.299^2 = 39.677，是下一个除数，250 除以 39.677 的商是 6.300。这样在后续计算中得到一个精确的平均值：

$$6.299 \times 2 = 12.598$$
$$6.300$$
$$\overline{}$$
$$18.898 \qquad 平均值是 6.2993$$

根据需要我们可以算得更精确。但是对比这 3 个近似值发现它们是如此接近，所以一般的计算好像不需要了。3 个近似值及其立方如下所示：

6.31 的立方是 251.23
6.3063 的立方是 250.79
6.2993 的立方是 249.96

我们来求 377 的立方根。6 的立方是 216，7 的立方是 343，8 的立方是 512。最接近数是 7。接着我们按以前的做法，以下是相关运算。

$7^2 = 49$;   49$\overline{)377}$=7.69 $7 \times 2 = 14$
343   7.69
&c.   21.69   平均值 7.23
$7.23^2 = 52.2729$;   52.2729$\overline{)377.00000}$=7.212
3659103

&c.

$7.23 \times 2 = 14.26$

7.212

21.672   平均值是 7.224

$7.224^2 = 52.186$; $52.186\overline{)377.0000} = 7.224$

365302

&c.

　　在这里我们已经求出了 377 的根，与用 377 除以 7.224 的平方得到的商是相同的，都是 7.224。

　　上述方法也可以由对数方法给出。

　　求一个数的 5 次方根值，近似的 5 次方根值基于第一个除法。先求除数的立方根。商是近似 5 次方根的平方。所以我们求除数的立方根的 3 倍和商的平方根 2 倍的和再除以 5 求平均值，重复这一过程并以此为下一除数的立方根。重复 3 或 4 次后，就得到了一个非常接近的 5 次方根值。

　　上述结果是用的对数方法。

　　我们从 3 开始求近似的 5 次方根，除以其立方值，27。

$3^3 = 27$; $399 \div 27 = 14.77$;　　$3 \times 3 = 9$

$\sqrt{14.77} = 3.85$　　　$3.85 \times 2 = 7.7$

$5\overline{)16.7}$

$=3.34$

$3.34^3 = 37.26$；$399 \div 37.26 = 10.7084$；$3.34 \times 3 = 10.02$

$\sqrt{10.7084} = 3.29$ 　　　　$3.29 \times 2 = 6.58$

$5\,\overline{)16.60}$

$=3.32$

$3.32^3 = 36.59$；$399 \div 36.59 = 10.9046$；$3.32 \times 3 = 9.96$

$\sqrt{10.9046} = 3.302$ 　　　　$3.302 \times 2 = 6.604$

$5\,\overline{)16.564}$

$=3.3128$

　　用对数方法求得的 5 次方根是 3.3128，实际上是一样的。

　　用常规算术方法求 5 次方根一个漫长而枯燥的过程。上述方法可以求得任一精度的方根值。下面是求 399 的 5 次方根值的过程，运算过程也表示出来了。

　　这一方法可用于求平方根，虽然对笔者来说，更倾向于使用常规方法求平方根。下面求 2981 的平方根。

　　因第一个除数取 5，近似平方根是 29，是问题中的两位数阶段。

　　$2981 \div 5 = 596.2$

　　在安排平均值的加法进，我们必须考虑除数 5，参考第一除阶段，此外，我们把 5 的两位数字准确地放在下面，是因为商的剩余数字是一个小数。

$$
\begin{array}{r}
5 \\
5\ 962 \\
\hline
2\,\big)\,\overline{10\ 962} \\
=5\ 481
\end{array}
$$

现在我们做第二个除法。

2981 ÷ 54.8 = 54.4

除数和商的平均值（548 + 544）÷ 2 = 546，就是要求的方根值，但原数是四位数，所以小数点必须要在第二位数字后面，所以根是 54.6。

常规的计算可到小数点后四位如 54.5985，实际上一样。去掉小数，通过更多的除法完成运算，可求任一精度的根值。

上述方法很有意思，对于求立方根和高次方根来说有很强的实用性，对于求素数指数的高次方根而言，最好用对数方法。

第十章

指数

指数乘方

如果一个数大于 1，乘以其本身，可以说将此数平方；如果再乘以其本身，可以说将此数立方。这个命名法适用于所有乘方。乘方的数值，以指数的形式表示，并不直接显示出所指示的乘方的运算值，它表示给定乘积的次数；如果指数是 2，则表示平方；如果指数是 3，则表示立方，等等，以此类推。

任一数的乘方，可以用正整数做乘方的因子，指数表示乘方的次数。

指数可以是正整数，负整数或分数；当指数是假分数时，如果需要，可以写成混合数形式。

假设求 2 的 5 次方，乘方因子是 2，指数是 5，可由 5 个 2 相乘而得：$2 \times 2 \times 2 \times 2 \times 2 = 32$。

这里再乘了 4 个 2，但指数是 5，每个 2 都与指数相对应，5 个数决定了乘方的次数，2^5，计算结果为 32。

 分数指数

如果分数指数的分子为 1，则表示求原始数的方根（指数分母值）。$4\frac{1}{2}$ 表示求 4 平方根，结果是 2；$81\frac{1}{4}$ 表示求 81 的四次方根，结果是 3。

分数指数可以用任一数做分子。计算时，将原始数乘方（按指数分子值），再将该结果开方（按指数分母值）

以求得方根。

例如求 $8^{\frac{2}{3}}$，需要先把 8 平方，再求立方根。所以 $\sqrt[3]{8^2} = \sqrt[3]{64} = 4$。

也可以用其他方法。可以先求得 8 的立方根 2，再将其平方，则 2 的平方是 4。

第一个计算过程更好一些。

如果指数分数是假分数，也可以使用相同的运算方法。在这里介绍一种不同的方法，通过把假分数转为混合数而实现，计算之前有一些规则需要说一下。

一个指数可以由几个数的和组成。执行运算时，我们可以将数做不同的乘方，一个接一个求乘积，众积之和就是所求值。那么 4^{2+2+3} 就是 $4^2 \times 4^2 \times 4^3$ 的积，或 $16 \times 16 \times 64 = 16384$。我们可以把指数相加得 7，直接用原始数乘方（按相加后的指数值），可得 $4^7 = 16384$。

回到指数混合数的计算中来，混合数是整数和分数的组合。因此，如果我们将一个具有混合数的指数简化，可以将指数分为两个部分，每个部分单独计算，最后将两部分相乘得出最终结果。

$9^{\frac{3}{2}}$ 是多少？

$$9^{\frac{3}{2}} = 9^{1\frac{1}{2}} = 9^{1+\frac{1}{2}}, \quad 9 \times 9^{\frac{3}{2}} = 9 \times 3 = 27$$

直接用分数指数运算，我们由 9 的立方得到 729，然后取 729 的平方根，得到 27，计算结果如前。两种方法，结果一样。

我们要谈到另一个与指数相关的事项。

指数也可以表示为一个数与另一个数相减，求原始数的乘方值（数差值，前面带有正号或负号），那么 4^{3-1} 可以表示为 4^2；4^{1-3} 可以表示为 4^{-2}。但我们可以把每个指数部分单独乘方，即正指数（负指数）除以另一个指数。

4^{3-1} 我们可以用 4^3 除以 4^1，或用 4^3 除以 4，得 16；或者我们可以说 4^2 等于 16，4^{3-1} 等于 4^2 两种方法，结果一样。

接下来取 4^{1-3}；按规则我们用 4 除以 4^3，结果如下：

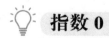 $=\dfrac{4}{64}=\dfrac{1}{16}$，结果如前。我们可以说 $4^{1-3}=4^{-2}=\dfrac{1}{16}$。

在现行代数教材中，回避了像我们那样严格按算术来做运算，有些轻微的偏离不可避免，像负指数本来是代数中的内容，在这里超出了算术范围。

💡 指数 0

任一数，其指数形式为相同的两数相减，如 4^{2-2}，3^{3-3}，9^{2-2} 等。我们可以看到像这样的例子中，指数有相减的两数组成，且两数数值相同，像上节的例子中的计算方法一样，这样的数可以分为两步，即先求第一个指数对应的乘方，再求另一个指数对应的乘方，两个结果相除，从而得到所需值，在这里指数的两个部分相同，则分开运算的各部分的结果也一样，$2^{2-2}=4\div4=1$，同理，$3^{3-3}=27\div27=1$，$9^{2-2}=81\div81=1$。现在我们必须注意一下指数的值：2 − 2 是 0，3 − 3 也是 0，所以这些指数是 0 指数，且任何数的 0 次方都等于 1。

那么 5^0，100^0，或其他数的 0 次方都是 1。

反过来也一样，即 1 的任何次方均等于 1，不管指数已知或未知，$1^3 = 1$，$1^6 = 1$，对于任何指数都是这样。

素指数

素指数的特性归功于中国人。

原始数是 2，用 2 的任何素指数的乘方减去 2，结果可以被该素指数整除而无余数，商是一个整数值。

拿素数 3 来说，2 的 3 次方得 8；8 减去 2 得 6，6 可以被素指数 3 整除。同样的例子还有素数 5，$2^5 = 32$，$32 - 2 = 30$，30 可以被素指数 5 整除。

负指数

负指数的计算可按分式方法进行，分子为 1，分母为去掉指数负号的乘方值。那么 $2^{-3} = 1 \div 2^3 = \frac{1}{8}$。

计算推导如下：

我们有 $2^{5-2} = 2^3$ 或 $2^5 \div 2^2 = 2^3$。同样的逻辑，如果 $2^5 \div 2^2 = 2^3$，则 $2^2 \div 2^5 = 2^{-3}$；

另一规则可以参考指数除法。用指数除以一个数，求方根，以除数表示，原始数按指定数乘方。

假设计算 $4^{6 \div 2}$，我们可以算出 $4^6 = 4096$。6 可以被 2 除，所以取 4^6 的平方根，即 64。

可以看出上式可以用分数指数表示，因为 $4^{6 \div 2} = 4^3$

= 64。

10 的正指数、负指数或分数指数在电气及其他领域的应用很广泛。

10 的乘方

电气测量的单位基于厘米，克和秒。或大或小，实际应用起来不方便；因此一系列实用单位在日常工作中大量采用。它们与厘米，克和秒之间的关系涉及换算，所以数字 10 被引用进来。

电阻的单位欧姆，等于一亿厘米，克和秒级的电阻单位。如果 10 参与到运算中去，则上面的数可以表示成 10^9。

10 的任何次方表示 1 后面 0 的个数，上例中包含了 9 个 0，所以指数是 9，可以表示为 10^9。

伏特是电位的实际单位；它等于亿分之一厘米，克和秒级的电位单位，以 10^8 表示。

安培是十分之一厘米，克和秒级的电流单位，可以用 10^{-1} 来表示。

容量的常用单位是十亿分之一厘米，克和秒级的容量单位，用 10^{-9} 来表示，但是这个实际应用的单位还是太大，用起来不方便；取百万分之一，即 10 的负 15 次方值，但不方便之处在于不得不写下 15 个 0，所要做的是改变指数值就可以，即改为 10^{-15}。

当两数或更多的数有同样的指数时，它们的相乘只需将指数简单相加，赋予原始数以新的指数值。与普通乘法相比，这个运算只需将指数相加即可，以下是实例：

$10^{10} \times 10^3 = 10^{13}$；$10^2 \times 10^4 = 10^6$；$10^7 \times 10^8 = 10^{15}$。

如果指数有不同的符号，新的指数必须予以考虑，以大一些的指数前的符号为准。以下是实例：

$10^5 \times 10^{-3} = 10^2$；$10^{15} \times 10^{-10} = 10^5$；$10^1 \times 10^{-2} = 10^{-1}$。

如果不同指数值的数相除，只要原始数相同，指数可以运用代数减法求得最终指数，以下是实例：

$10^2 \div 10^3 = 10^{-1}$；$10^5 \div 10^3 = 10^2$；$10^2 \div 10^{-4} = 10^6$。

注意，减法是用的代数方式，因此首末两例中有的是这个规则，减数的符号改变了，两数相加，这就构成了代数减。在其他例子中，用的是算术运算。

第十一章

等分圆

💡 等分圆

　　长时间以来，在文献中就记载了圆的周长和直径的
关系。自古就有"等分圆"的表述，这也是世界性难题之
一。按给定直径圆的面积等效为多边形，求其边长。计算
时，先要确定圆周长与直径的比值。如果此参数确定后，
那么凭借常规算术就可以计算。所以割圆法是很古老的。

　　我们首先接触到的教育中，圆的周长大约等于 3 倍的
直径。这样很方便且容易记忆，但有一个弊端，就是不太
精确。它只作为真实值的近似值；因为比真实值差很多，
所以最好不要采用。

💡 古人的近似值

　　在古代，巴比伦人和犹太人可能使用过这个不太精确
的值——3，与直径的乘积可以得出圆周长。可以确信，
古埃及人在这方面做得更好些，用这个分式，$\frac{256}{81}$化减为
3.1605，在求值上是一个很好的尝试。

　　阿基米德确定它在 3.1408 和 3.1428 之间，它的正确
性日后被证实。

　　托勒密以测量度数的方式给出 3 度 8 分 30 秒的值，
化减为 $3 + \frac{8}{60} + \frac{30}{3600}$，或用小数形式为 3.1416。这个值接
近真实值了。

　　罗马勘测者可能使用过 3 或 4 的值。

在亚洲，最大的贡献是分式，$\frac{49}{16}$ 或 3.1416，以表示这个值，与正确值相比还是有差距。

 ## 梅提斯的 π 值

在 1585 年，著名数学家梅提斯把圆周长与直径的比值限制在 $\frac{377}{170}$ 和 $\frac{333}{106}$ 之间，并列出了他的著名分式，$\frac{355}{113}$ 换成小数形式为 3.14159292，准确到小数点以后六位。这个数字的准确程度足以应用于天文尺寸的计算。

 ## 肖的值

因为过去的计算值不精确，所以使用微积分的方法可以计算任何精度的值，可以由计算机算出最完美的等效边长；威廉·肖把 π 值准确到小数点后 707 位。

 ## 几何近似值

一个很奇怪的几何近似值在圆内切多边形而得到。如果圆是直径的 3 倍，内切五边形的边长总和给出的圆的近似周长，误差仅为 $\frac{17}{100000}$。圆的直径等于内切多边形对角线的长度；如果多边形对角线的长度为 1，那么 0.5 的平方根是 0.7071，再除 5，得 0.1414，比真实直径小 0.02。

圆与直径的比值用希腊字母 π 来表示，发音为 pi。

 π 值的辅助记忆法

下例用来辅助记忆 3.1416 或精确到第四位的 π 值，每个单词的字母数就是数字的值。

| 3 | 1 | 4 | 1 | 6 |

Yes, I have a number.（是的，我有一个数字。）

另一押韵诗也可以用来记忆精确到小数点后 12 位的 π 值；如前，每个单词的字母数就是相应的数字值。

| 3 | 1 | 4 | 1 | 5 | 9 |

See I have a rhyme assisting

| 2 | 6 | 6 | 3 | 5 | 9 | 9 |

my feeble brains its tasks sometimes resisting.（我有一首诗帮助我虚弱的大脑，它的任务经常是抵抗。）

看来，数学价值要大于文字价值。

 奇妙的 π 值测定

让我们分析一下布丰和拉普拉斯的投针试验。板面上有一些平行线，一根长度小于平行线间距的针，向平行线投掷，针落在平行线上的可能性（概率）可由式 2L/πA 求得，其中 L 是针的长度，它小于平行线距，或 L < A，A 是平行线距。有时等距线的板面被看作刻画区域。

投针的结果出奇地接近于 π 值，如投针 3204 次，计算 π 值为 3.1553；投针 600 次，计算 π 值为 3.137；投针 1120 次，计算 π 值为 3.1419。

读者可以参阅摩根的《矛盾预算》一书，1872 年出版于伦敦；或《剑桥数学信息》卷二的第 113，114 页。

 ## 等分圆

有了乘数 3.1415927……，可以由给定直径求得圆周长，我们可以等分圆；可以由不同直径的圆等效为多边形，求其边长。圆的面积等于半径的平方值乘以 π 值；直径为 1，则圆面积为 0.7853982，这个面积的边等于面积的平方根，0.8862。这个数就是直径 1 的圆面积等效为方形后的边长。

下例充分给出 π 的值，与之前给出的值相比，足够精确了，它是 3.1415926535……

此误差小于十亿的三十分之一，远小于太阳与地球距离的 16 英尺误差。

|第十二章|

多样化

素数

素数指一个数只能被 1 和其数字本身整除，如 2，3，5，7，11 和 13 等都是素数。其中只有 2 是偶数，其余都是奇数；除 5 外，没有素数以 5 结尾。超过 10 的素数只能以 1，3，7，9 结尾。

素数的性质

素数的神奇特征在于，除了 2 和 3，其他素数减 1 或加 1 后可以被 6 整除。101 是一个素数，减 1 后得 100，不能被 6 整除，但是加 1 后，得到 102，可以被 6 整除，$102 \div 6 = 17$。再举一例，素数 73，加 1 后得 74，不能被 6 整除，减 1 后得 72，可以被 6 整除。再有素数 23，加 1 后得 24，可以被 6 整除。

两个素数之积不能成为平方数。

以 2 开头，以 9973 结尾，赫顿给出了素数的列表，共 1139 个素数。

现在已知的最大素数是 2^{61}，它包含 19 位数字。

怎样找到素数

找到素数的过程如下：

写出奇整数，3，5，7，9……直到满足需要为止。

在 3 后划掉第 3 个数字（非素数）。接着在 5 后划掉第 5 个数字，然后延续这样的操作，划掉第 7 个数字，以此类推。当数字特别大时，这样做很辛苦。

如果我们写出奇整数，3，5，7，9，11，13 等，可以发现，在上面的操作中每次都被划掉的第 3 个数是 9，15，21，27，33……每次都被划掉的第 5 个数是 15（早在上一个步骤中被划掉），25，34……剩下的素数是 3，5，7，11，13，17，19，23，29，31。在做每次都被划掉的第 7 个数的操作中，21 和 35 已被上面的两个过程去除。

💡 完全数

一个可被整除的整数，它的所有可整除数相乘，可以得到数本身，包括 1。如数字 6，它的可整除数是 1，2 和 3，三数相加得 6。

如果上面的所有可整除项相加之和也等于该数本身，则该数可以称作完全数，拿 6 来说，1 + 2 + 3 = 6，可以说 6 是一个完全数。

按排序说，下一个完全数是 28。其整除数是 1，2，4，7 和 14。因为 28 可以被其中的任一个数整除。整除数是指原始数除以该数后无余数。1 + 2 + 4 + 7 + 14 = 28。28 是完全数。

要找到所有的完全数，需要用到等比级数，2，4，8，16，32 等，直到满足需要为止。从列出的数字，选择那些减 1 后可得素数的数，像 4，8，32，128 和 8192，当然可以举出更多。减 1 后，这些数变成 3，7，31，127，

8191。将这些数乘以对应的原等比级数，3源于4，4前是2，所以3乘以2，得6，6是完全数。按此规则，7乘以4，31乘以16，以此类推。因为完全数非常少，用这样的方法找出的完全数很少。向上直到1011，赫顿只给出了8个完全数。

 相亲数

将两个数的可整除数分别相加，两个和分别等于另一个数，那么这两个数被称为相亲数。

拿220来说，其可整除数是1，2，4，5，10，11，20，22，44，55和110；这些数的和是284。而284的可整除数是1，2，4，71和142，这些数的和是220；因此220和284是相亲数。

另外的相亲数是17296和18416；再往后是9363584和9437056。

计算相亲数时也可以采用上文中完全数用到的等级几何级数法，可以称为A数列。每项乘3后得到相应的数列，称为B数列。将B数列中的某一个数与其后相邻的数相乘后减1，这样也组成一个数列，称为C数列。将B数列中的每个数减1，组成一个数列，被称为D数列。各个数列的排列如下：

数列 A.	2	4	8	16	32	64……
数列 B.	6	12	24	48	96	192……
数列 C.		71	287	1151	4607	18431……

数列 D.　　5　　11　　23　　47　　95　　191……

接下来，在此情况下，取数列 C 中的某素数，在其下
的对应的是数列 D 中的数及前邻的数，但必须是素数。将
数列 D 中的这两个数相乘，并取与两数中最大数对应的数
列 A 中的素数相乘，得到一个相亲数；数列 D 两数中的最
大数对应的数列 C 和数列 A 中的素数相乘后得到另一个相
亲数。在数列 C 中，71 是素数，所以选数列 D 中的 5 和
11，按此规则，$5 \times 11 \times 4 = 220$，得到一个数。另外一个
数由 71 与数列 A 中相同的数 4 相乘，$71 \times 4 = 284$；这就
是相应的相亲数。

 ## 平方和立方法则

与加能炮弹同样大的东西也具有相同的初始速度。
原因是基于平方和立方法则，炮弹通道的空气阻力与断面
积有关，可以称作表面摩擦。两个断面相似的固体的差异
在于相应线性尺寸的平方。这是所有相似表面、平面或曲
面的共同法则。圆面积与直径的平方有关。加能炮弹的断
面是一个圆，所以适用此规则。因此炮弹的飞行与断面面
积，即与直径的平方有关。表面摩擦也适用此规则，炮弹
表面的面积也与直径的平方有关。力的惯性使炮弹保持运
动状态并与重量成比例。但实体的重量随其立方体积而变
化。两实体有相似的形状，但立方体积随相应线性尺寸的
立方而变化。我们可以用直径值；因此阻力随直径的平方
而变化，阻力随同样直径的立方而变化。后者的变化幅度

大于前者。也就是说，尺寸因重量的增加幅度要大于因表面积的增加幅度。大壳体的运动要优于小壳体的运动，因为重量的增加比例要高于表面积的增长比例。

举例比较一个 2 英寸和一个 3 英寸的炮弹。表面阻力与直径的平方成比例，即 4：9，即 1：2.25。惯性推进力呈立方级对比关系，即 8：27，也就是 1：3.375。大些的壳体仅 2.25 倍于表面阻力，而且大些的壳体的表面积 3.375 倍于惯性推进力，也就是在重量上的比例。这就是为什么大炮弹要比小炮弹射得更远。

这个规则不仅限于弹道，在其他领域也有应用。重力作用于物体上，随重量而变化；在真空中，大小物体均以同一速度下落。在空气中的下落因表面摩擦和所谓的断面阻力而变化。平方和立方法则依然适用。大些的物体下降得快些。灰尘下降格外慢，尽管它们可能与大岩石是同一材质，大岩石的下降速度超级快。

 4 点的符号

可以看到，罗马人用的钟面上用四个 I 表示 4 点，而不使用 IV 的符号。这个原因可以追溯到查尔斯五世，写作查尔斯 V。他说任何东西都不能跑到 V 的前面，所以他消除了 IV 的符号，只能使用 IIII 来表示 4 点。

太阳和月亮系统中的数字 108

太阳的直径大约是地球直径的 108 倍；地球与太阳的距离大约是太阳直径的 108 倍。地球与月亮的距离大约是月亮直径的 108 倍。

 ## 汽车轮胎

对于任一直径的汽车轮子，总有一个指定的胎，如果超出尺寸系列，可以称作特大型轮胎。有一个轮胎在口径的直径方向要比常规尺寸大半英寸，胎必须要和常规轮辋相配，问题是要增加多少，来应对口径直径方向的半英寸的增加。

特大型轮胎的内圆必须与小规格的相同，也就是说要适应相同尺寸的轮辋，所以增加后的口径加了半英寸，胎的每一边都大了半英寸，相应地，整个轮胎在直径上加了一英寸。因此特大型 34×4 英寸的胎就是 35×4.5。给定轮胎的横径加了 1 英寸，口径增加了半英寸，这样就能应对特大规格了。

这也涉及汽车轮胎的定价，4.5 和 4 英寸比较，看似价格不成比例，假设我们以 3 英寸和 3.5 英寸的做比较，如果两者厚度相同，也是重载结构，大规格在材料上要增加的成本，大约是 17%，通过这个比较，可以看出在价格上增加的理由。在横径上增加 1 英寸听起来很少；对于同一口径的两个轮胎 30 和 31 规格来说，大规格轮胎增加的成本略小于总成本的 3%。

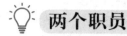

两个职员

两个职员在同一家公司开始工作，薪水一样，都是1000 美元每年。一个职员每 6 个月增加 50 美元薪水；另一个职员每年增加 200 美元。薪水每半年结算一次，哪一个职员最划算？

起初，好像是每年涨薪 200 美元的那个职员拿得最多，但通过计算每年的年收益就可以发现，那个每 6 个月涨薪 50 美元的职员稳步超越另外一个职员。第一年结束，第一个职员得到 1050 美元的收入，另一个是 1000 美元；第二年结束，第一个职员将收获 1250 美元，另一个人的薪水是 1200 美元。方法一样，道理相通，第一个职员总是领先第二个职员 50 美元。

酒和水的矛盾之处

往 A 玻璃杯里加入半杯水，往 B 玻璃杯里装入半杯酒。取一茶匙酒从 B 杯倒进 A 杯，然后从 A 杯取一茶匙混合后的水和酒再倒入 B 杯中。问题是：B 杯失去的酒是否多于 A 杯失去的水？

大多数人会立刻说出答案，B 杯失去的酒多于 A 杯失去的水；正确答案是不分胜负，两者失去的量是一样的，即都少于一茶匙。

数的平方的矛盾之处

牧羊人按照下面的方法把羊群分成不相等的两部分，小部分羊群数量的平方加上大部分羊群的数量，等于大部分羊群数量的平方加上小部分羊群的数量。他是如何做到的？

这是对整数和分数乘方差别的极好领会和说明，用整数来表述当然不可能了，用分数来对羊群的划分更恰当。

牧羊人可以用 $\frac{5}{8}$ 和 $\frac{3}{8}$ 做划分，二者之和表示羊群整体。我们可以得到：

$$\left(\frac{5}{8}\right)^2 + \frac{3}{8} = \left(\frac{3}{8}\right)^2 + \frac{5}{8} = \frac{49}{64}$$

也可以小数来表示：

$$0.625^2 + 0.375 = 0.375^2 + 0.625 = 0.765625$$

 ## 想象数字

下面的内容是古时有趣的算术谜题，可以追溯到 17 世纪。

想象一下 3 个数字；取第一个数的双倍，加 5，求和后再乘 5，加 10；加上第二个数，乘以 10；加上第三个数，减去 350；余数将会是上面的三个数的正确排列，只不过有人把它们放在了计算之中。

假设想象的 3 个数字是 2，3 和 4，我们这样计算：

【（2×2）+ 5】×5 = 45；45 + 10 = 55；55 + 3 = 58；

$58 \times 10 = 580$；$580 + 4 = 584$；最后 $584 - 350 = 234$，得数是由想象的那三个数组成，只不过被放在了计算之中。

时间卡的矛盾之处

下面两个整数，名字相同但取值不同，我们对困惑之处加以说明：

一个职员在一家商店应聘了一份工作，并且告诉商家他的价值是每年 1500 美元。他被告知不值那么多钱。

经营者说：

一年有 365 天·······················365

你一天睡 8 小时（天）·········· 122
⎯⎯⎯⎯

剩下的天数·······················243

你一天休息 8 小时 ············· 122
⎯⎯⎯⎯

剩下的天数·······················121

一年有 52 个星期日 ·············· 52
⎯⎯⎯⎯

剩下的天数·······················69

一年中你有半个星期六在休息······26
⎯⎯⎯⎯

剩下的天数·······················43

你吃午饭的时间是 1.5 小时 ········ 28
⎯⎯⎯⎯

剩下的天数·······························15
你有两周的休假时间···················14
　　　　　　　　　　　　　　　——
剩下的天数·································1

今天是 5 月 4 日，我们不营业，所以你没做工作。

 记住电话号码

　　单靠用脑子记住那么多的电话号码不太可靠，但它们往往都有某些特点，恰当地加以利用，就能将电话号码熟记在心。我们在这里所阐述的内容涉及记忆技术或人工记忆。

　　拿电话号码 2579 来说，它是这样组成的：第一个和第二个数字之和，2 + 5，是第三个数的值 7。第一个和第三个数字之和，2 + 7，是第四个数字的值 9。

　　试着解释一下数字 1140，前两个数字之和是第三个数字的一半。

　　对于 5292；第一，二，四个数字之和是第三个数字。

　　对于 1121；前两个数字之和是第三个数字。

　　拿 190 和 187 来说，1 加 9 是 10，得出 190 的末尾的 0；第一个和最后一个数字之和是 187 的中间数字。

　　试一下 6447，中间两数相加得 8；比第一个数大 2，比最后一个数大 1。

　　许多数中的部分数字或全部数字与另一个数反向排列，比如 4678 和 6876。

9 位数排序相加至 100。

将 9 个数字组合，保持正确次序，可以相加至 100。

这个游戏很有趣，最末两数相乘，如 9 和 8 相乘，与另外的 7 个数字相加，可得出：

（9 × 8）+ 7 + 6 + 5 + 4 + 3 + 2 + 1 = 100

同样，其他数字组合也可以加减至 100。

（98 − 76）+ 54 + 3 + 21 = 100

 神奇的乘法

下例关于 9 个数字相加，其排列有正序，也有反序，计算如下：

（1 × 8）+ 1 = 9

（12 × 8）+ 2 = 98

（123 × 8）+ 3 = 987

（1234 × 8）+ 4 = 9876

（12345 × 8）+ 5 = 98765

（123456 × 8）+ 6 = 987654

（1234567 × 8）+ 7 = 9876543

（12345678 × 8）+ 8 = 98765432

（123456789 × 8）+ 9 = 987654321

一个特别数

一个数，既可以被 9 整除，又可以被 11 整除，且该数由交替出现的 0 组成，该数在同类数中最小，那么它是：

$$909090909090909090909$$

如果除以 9，得数由多个 10 组成；如果除以 11，可得：

$$82644628099173553719$$

除以 11 后的商很奇特；它包含了多对正反序排列的数字；有 8264 和 4628，17355 和 55371，也可以说，还包括 1735 和 5371。其他正反对数字可由计算得出。

 奇妙的乘法和加法

下面的例子中有加法和乘法，与之前的那个例子有些相似。

$$(1 \times 9) + 2 = 11$$
$$(12 \times 9) + 3 = 111$$
$$(123 \times 9) + 4 = 1111$$
$$(1234 \times 9) + 5 = 11111$$
$$(12345 \times 9) + 6 = 111111$$

$$（123456 \times 9）+ 7 = 1111111$$
$$（1234667 \times 9）+ 8 = 11111111$$
$$（12345678 \times 9）+ 9 = 111111111$$
$$（123456789 \times 9）+ 10 = 1111111111$$

数字 9 的乘法

9 乘 21 的积是 189；9 乘 321 的积是 2889。如果按照这个规律，我们可以得到一组数，它们是：21，321，4321，54321 等，直到 987654321 为止。这一组数乘以 9 后，又得到一组数，最左边的数字按正常顺序排列，最右边的数字总是 9，中间是若干个 8，中间 8 的个数分别等于上述第一组数的第一个数字减 1。得出的乘积分别是：189，2889，38889，488889，5888889，68888889，788888889，8888888889，98888888889。

有时为了更引人注目，将每一个乘积再减 1，所得结果的末位数将是 8 而不是 9。

后续乘法的结果将呈金字塔形排列，和上面的例子有点相似。

如果把数字 8 删掉，以正常顺序写出，我们得到一个数，如果乘以 9，会得到若干个 1。如下所示：

12345679

9

111111111

一个神奇之处在于，这是删掉 8 后的结果；如果 8 不被删掉，将会出现 0，如下例：

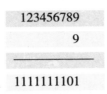

$$
\begin{array}{r}
123456789 \\
9 \\
\hline
1111111101
\end{array}
$$

读者可以尝试将 9 位数字逆序排列再乘以 9。

下例是两组不同位数 1 的乘法（平方）：

$$11 \times 11 = 121$$
$$111 \times 111 = 12321$$
$$1111 \times 1111 = 1234321$$
$$11111 \times 11111 = 123454321$$

如果需要，还可以有后续的运算，但如果超过 9 个 1 后，上述图形的对称性将遭到破坏。

 数字的性质

"数字的性质"难以定义，但其含义可以通过实例很容易地说明。数字 1 的一个性质是，数字 1 的平方，立方或任何次乘方，所得结果都是 1。如果末尾两位能被 4 整除，则整个数可以被 4 整除，这是数字 4 的一个性质。如果一个数的可整除数之和等于这个数，则这个数是完全数。如 6 的可整除数是 1，2 和 3，它们的和等于 6。数字 6 的一个性质是它是完全数。28 的可整除数是 1，2，4，7 和 14，加在一起得数是 28。因此，数字 28 的一个性质是它是完全数。

9 的性质

数字 9 的趣味性和实用性超过了其他数字。奇怪的是它并没受到部落占星家的欢迎，不像数字 3 或 7 那样成为幸运或不幸运的数字，甚至总是被迷信的赌徒所遗忘。

如果 9 与 1 到 20 之间的任一数相乘，所得积的各位相加后得 9。如 $13 \times 9 = 117$，$1 + 1 + 7 = 9$。或 $18 \times 9 = 162$，$1 + 6 + 2 = 9$。

现在写下 9 与 1 到 20 之间数的乘积，看一下是否具有这个特性。$9 \times 2 = 18$，$9 \times 9 = 81$，每个积由相同的数字组成，但排序却相反。试一下 9 乘 13 和 9 乘 19，乘积分别是 117 和 171，数字相同，但后两位的顺序却相反。数字 10，11 和 16 不像上面的数字一样有对应关系，如果不考虑 0，11 和 16 属于比较顽固的数字，它们与 9 的乘积分别是 99 和 144。略微看一下，就知道它们不能像上面的数字那样，在乘积的数字有相同位而顺序不同。因此它们似乎被甩在一边。现在再回到成对数字上来，如果 10 以内的乘数分别与 9 相乘，如果有两组数，乘积的数字相同但却有相反的排列，则这两组数中的非 9 乘数相加始终得 11。如 $2 \times 9 = 18$，$9 \times 9 = 81$；$4 \times 9 = 36$，$7 \times 9 = 63$；

以上两对数中，2 和 9 的和是 11，4 和 7 的和是 11，这一规律可以推广到单个的乘数；现在如果拿 12 到 20 之间的数来试一下，每对非 9 乘数的和是 32。13 × 9 = 117，19 × 9 = 171，这对数中 13 + 19 = 32。超过 20 以后的数像 21 和 22 也具有上述规律。

 ## 会计的错误

9 的一个特性是，当任何数，如果反序排列或已移项，则两数之差将会被 9 整除而无余数。把数字 279 移位，得出 972，两数之差是 693，972 – 279 = 693，这个结果可以被 9 整除而无余数。可以确定某些数字移项了。在会计的工作中这是常见的问题，两者差值除以 9 无余数，便于发现由于换位而导致的错误。在下面给出的两个例子中，右手位的例子是正确的，左手位的例子是错的。

6.35	6.35	173.21	173.21
1599.75	1599.57	187.26	178.26
381.23	381.23	————	————
————	————	360.47	351.47
1987.33	1987.15		

1987.33 – 1987.15 = 0.18，0.18 可以被 9 整除无余数，因为有了这个线索，可以判断一定有数字换位了。这个规则也不是万无一失；虽然能被 9 整除，但不一定是换位导致的错误，只是一种可能；倒置或换位可能是引起错

误的原因。在第二个例子中，错的是中间的数字，但道理
是一样的，也是由于换位所致。

 神奇的货币

取小于 10 美元的钱币之和，数字换位，并求两者之
差，然后再加上换位的值，总能得到相同的数额，10.89 美
元。不妨试试看，下面是一些例子。

6.73	9.91	2.31	0.01
3.76	1.99	1.32	1.00
——	——	——	——
2.97	7.92	0.99	0.99
7.92	2.97	9.90	9.90
——	——	——	——
10.89	10.89	10.89	10.89

当然，这与美元无关，这样做仅仅是为了有好的可视
性，可以用于魔术或把戏中，因为美元的符号可以在这样
的即兴表演中掩饰魔术的成分。

那么某人被告知写出小于 10 美元的货币之和，其首
尾数字必须不同。接着把换位的数字直接写在下面。问他
首或尾数字是多少。因为首尾数字之和，一定是 9，中间
的数字总是 9，你可以立即告诉他数字是多少。接着他被
告知将最后的数字换位，写在另外的数字下面，两者相
加。那么你会告诉他最后的结果是 10.89 美元。如果再添

些玄机的话，你可以让他在小数点后加上一个你说出的
值。你只要在 10.89 美元的基础上加上那个值，就可以说
出结果了。下例做了阐释。在一个例子中，你可以让他加
0.25，在另一个例子中，你可以让他加 0.31。

1.98	2.29
8.91	9.22
————	————
6.93	6.93
3.96	3.96
0.25	0.31
————	————
11.14	11.20

　　专业的数学家总是避免重复同样的做法，所以要加以
变通，有时不要把第三个数字告诉你的朋友，在说出数字
之前要让他把运算做完。最好是每次都要加上一个不同的
值，就像上面所提到的那样。也许只有一次省去相加的方
法并且告诉他有 10 美元及 89 美分正如他盘算的那样。所
以每次都要相加，且加上不同的值。

　　但是像上例那样把美元和美分藏匿起来，也可以用
其他数字单位来命名，如能带些神秘色彩最好，可以是英
镑，先令和便士等。英镑的取值不要超过 12，而且英镑和
便士的值要不同。结果总会是 12 英镑 18 先令 11 便士。我
们拿 12 英镑 9 先令 6 便士和 3 英镑 7 先令 2 便士举例。

英镑	先令	便士
12	9	6
6	9	12
5	19	6
6	19	5
12	18	11

英镑	先令	便士
3	7	2
2	7	3
0	19	11
11	19	0
12	18	11

 ## 推测数字之和

　　另一个有趣的地方也许和9的特性有关。取可换位数字，也就是说一个数的首末位不同，然后取该数平方值。再求该数字换位后的平方值。将两平方值相减，差值不会超过9。某人被告知想一个数，然后将此数平方，再求换位后的平方。两平方值相减，将差值的各位数字求和。然后请他告诉你和的首位或末位数字，你能立即告诉他和的值。你只要在他所给的数字上添加一个数就可以了，添加的数字与所给数字相加得9，如果他说首位数字是1，则数字之和是18，如果是2，则结果是27。

　　如果他要求你再做一次，可以有一些小变化。让两个可换位数对的数相乘；接着将其中一个换位，用换位数乘以原数。用一个积减去另一个积，结果如前；数字之和是9或9的倍数。

　　第一种方法的例子：

$3391 \times 3391 = 11498881$

$1933 \times 1933 = 3736489$

减后得 7762392，其数字加在一起得 36 或 9×4

第二种方法的例子：

$69 \times 69 = 4761$

$69 \times 96 = 6624$

1863　　其数字加在一起是 18 或 9×2

在第一个例子中，你被告知数字之和的首位是 3，你只需添加 6，得数 36；在第二个例子中，当得知 1 是和的首位数字时，你在 1 后添加 8，得数 18；36 和 18 都是 9 的倍数。

可以使用像 1981 这样的数，因为中间的数可反序排列适用此规则。

 ## 其他神奇之处

对于任何数，取其逆，用大数减小数；乘以任一数，勾掉一个数，留下左边的数；以正常的顺序去读这个数。如果这个数被右邻的 9 的倍数值减掉，得到的差将会是被勾掉的数。取 1293，146 和 97。

1293	146	97
3921	641	79
——	——	——

| 2628 | 495 | 18 |

勾掉 6，剩 228。　勾掉 5，剩 49。　勾掉 8，剩 10。

右邻 9 的倍数是 54 – 49 = 5，可得到 18 – 10 = 8，234 – 228 = 6，就是被勾掉的数。

如何任一个差值被乘，则没有差值；可以假设它们乘以 1。那么乘以第一个差值，2628 乘 3；得到 7884；勾掉 8，剩下 784；右邻的 9 的倍数值是 9 乘 88，即 792，而 792 – 784 = 8，就是被勾掉的数。

取两个小于 10 的数，一个乘 5，加 7，乘 2，加另一数，减 14，得到的结果由这两个数组成。

取 3 和 6。接下来有 3 × 5 = 15；15 + 7 = 22；22 × 2 = 44；44 + 6 = 50；50 – 14 = 36，由 3 和 6 组成。

下面拿两个两位数 17 和 28 来做相同的运算。像上例那样得到最终的值 198。中间的数如果分开来就得到 7 + 2 = 9。我们可以说 198 是由 17 和 28 组成。

$$100a + 10b + c$$
$$100c + 10b + a$$

$$99a - 99c = 99(a - c)$$

假设我们的数值是 795；那么 a – c 是 7 – 5 = 2，并且 99 × 2 = 198，这个数是由逆运算和减法得到的。

10 的倍数除以 11。

如果 20 除以 11，商是 1.81818……如果 30 被 11 除，只需把刚才的商的第一个数加 1，并且第二个数减 1，这样

成对重复可得到你想要的值。下面的数适用这个规律，见
列表：

20 ÷ 11 = 1.81818……	60 ÷ 11 = 5.45454……
30 ÷ 11 = 2.72727……	70 ÷ 11 = 6.36363……
40 ÷ 11 = 3.63636……	80 ÷ 11 = 7.27272……
50 ÷ 11 = 4.54545……	90 ÷ 11 = 8.18181……

　　检查后发现这个加 1 和减 1 的规则是如此完美。另一
处可以看到，商的每对数都可以被 9 整除，不管商的数值
是如何增加或递减。由表的第一个商我们得到 18 和 81，
都可以被 9 整除，其他商也适用此规律。